HTML 5与 CSS 3 核心技法

表严肃 / 著

電子工業出版社
Publishing House of Electronics Industry
北京•BEIJING

内 容 简 介

本书介绍了前端开发的基础——HTML 和 CSS。

在介绍 HTML 内容时，采用了一种作者的分类——布局类元素和功能类元素，这样便于读者厘清元素的脉络。

在介绍 CSS 内容时，也给出了一条清晰的主线，便于读者抓大放小，快速建立自己的知识框架。

本书在讲解每一个知识点时，都用简洁的文字说清其功能，并配有例子。每一个例子都提供在线效果演示，从而使读者有直观的感受，真正掌握一项功能的用法。

意向将来从事前端开发的读者，可以将本书作为学习的起点；正在从事前端开发的读者，可以将本书作为一本速查手册。

图书在版编目（CIP）数据

HTML 5 与 CSS 3 核心技法 / 表严肃著. —北京：电子工业出版社，2021.1
ISBN 978-7-121-40089-6

Ⅰ. ①H… Ⅱ. ①表… Ⅲ. ①超文本标记语言－程序设计②网页制作工具 Ⅳ. ①TP312
②TP393.092

中国版本图书馆 CIP 数据核字(2020)第 238700 号

责任编辑：吴宏伟
印　　刷：北京天宇星印刷厂
装　　订：北京天宇星印刷厂
出版发行：电子工业出版社
　　　　　北京市海淀区万寿路 173 信箱　　邮编：100036
开　　本：720×1000　1/16　印张：18.5　字数：413 千字
版　　次：2021 年 1 月第 1 版
印　　次：2025 年 2 月第 5 次印刷
定　　价：109.00 元

凡所购买电子工业出版社图书有缺损问题，请向购买书店调换。若书店售缺，请与本社发行部联系，联系及邮购电话：（010）88254888，88258888。

质量投诉请发邮件至 zlts@phei.com.cn，盗版侵权举报请发邮件至 dbqq@phei.com.cn。

本书咨询联系方式：010-51260888-819，faq@phei.com.cn。

前　言

任何一个行业，在初期大都为了满足一个简单的需求，解决方法通常也是简单直接的，在初期甚至不好意思自称一行。简单如糖水店、奶茶店，最开始就是在路边支个摊，一包糖，两个暖壶，四个缸子，开张；复杂如汽车工业，最开始也仅仅是把现成的蒸汽机技术和轮子组合在一起，开张。随着需求越来越多，同行竞争越来越激烈，产品的生产工序自然也就越来越复杂。想要做好一行，越来越需要资本和经验的积累，即专业化。

但随着一件事情的步骤和参与的对象越来越多，身在其中的人往往会沉迷在细节上，忽视主要问题。这就是 Web 开发领域目前的现状。越来越多的需求，越来越多的功能，加上初期设计时并没有考虑那么多，导致当今的 Web 标准有很多逻辑不自洽的地方。没有一以贯之的逻辑，则意味着 Web 开发是一个很依赖经验的领域，然而这对初学者是很不友好的。我依然记得自己初学 Web 开发时完全不知道从何开始，东一榔头西一棒子，往往是知道自己想干什么，但就是不知道怎么转化成代码。多次碰壁后，我从一个极端转到另一个极端，误以为只要知道每个 Web 开发标准的细节就可以精通 Web 开发，我开始一句一句地研究 W3C 文档，哪怕看不懂也要硬着头皮看下去，结果当然是更受挫败，这就像学写文章从字典开始一页一页研究一样荒唐。

知识一旦脱离了应用场景就会变得晦涩、空洞，且知识本身也满足“二八定律”——80%的应用场景只会用到 20%的知识，而那 20%恰恰是核心、最接近常识的知识。Web 的核心功能是信息的分享，而最高效的分享方式就是文字。HTML 作为内容的载体是早于 CSS 和 JavaScript 出现的。有了文字，我们自然就会想给文字排版，添加装饰。这样就出现了样式专用的 HTML 标签和属性，可以为元素添加简单的样式。既然可以添加样式，我们就“得寸进尺”想要更多复杂的样式。一些样式可以通过重复、嵌套、错用实现，如行列、重叠效果等，而一些样式则完全无法实现，如变幻、动画等。这促使我们进一步思考样式和内容的关系，进而意识到样式和内容在性质上完全不同，也就不应该写在一起。这才第一次出现了 CSS 的概念，将内容与样式完全区别对待。正是因为区别对待让 HTML 和 CSS 能在互不干扰的情况下各自发展，所以顾虑少了，气顺了，发展得也更快了。

无论 HTML 与 CSS 怎么变，都无外乎是为了传达信息。HTML 是内容的载体（或格式），用于限制内容的结构；CSS 是内容的“化妆盒”，负责内容的视觉效果。视觉效果的核心是布局，布局的核心是位置和大小，剩下的就是基于位置和大小的装饰，仅此而已。“抓大放小”是提高学习效率的关键。

本书的目标是，为自学 Web 开发初学者建立一套 HTML 与 CSS 的核心知识框架，同时借助丰富的示例让初学者有一个愉悦、轻松的学习过程。

最后，特别感谢给我做饭的李女士。

袁严肃

2020 年 8 月

目 录

HTML 篇

CSS 篇

第 1 章 写在前面

1.1 本书约定

1. 客户端

由于本书的内容是 Web 开发，所以除非明确说明，否则本书中的客户端指的是浏览器。

2. 浏览器

本书使用的浏览器为 Chrome，为了达到和本书一样的效果，建议读者在学习时使用相同的浏览器。

3. 示例代码

通常，一个知识点会用到多个示例。为了节省篇幅，重复的代码只会在第一次示例中出现，不会再后续示例中出现，并在最后注释“...”，举例如下。

示例 1（完整示例）：

```
<p>第一段</p>
<p>第二段</p>
<p>第三段</p>
```

示例 2（基于示例 1，比如添加一段）

```
<p>第四段</p> <!-- ... -->
```

示例 3（基于示例 1 和示例 2，比如修改第一段内容）

```
<p>我是第一段</p> <!-- ... -->
```

1.2 在线查看示例效果

所有示例的效果均可在 book1.biaoyansu.com 找到并查看，也可扫描下方二维码访问。

1.3 前/后端开发

近些年来，我们越来越多地听到“前端”（前台）这个词，可到底是什么是前端呢？与“前端”对应的是“后端”，下面一并介绍。

1.3.1 前端开发是怎么回事

“前端”“前台”顾名思义就是靠前的、用户最先接触到的部分，是“门面”“脸面”。事实上这是广义的前端，一切直接跟用户操作界面（UI）打交道的工作，都可以被划入前端的工作范围。如果这样说的话，那任何与用户操作相关的工作，无论是开发手机应用、PC 软件，还是 Web 应用，甚至是界面设计、作图，都可以算是前端了。这感觉怪怪的，因为事实不是这样。

所以，我们通常说的“前端”是更狭义的前端，即网页端。

1.3.2 JavaScript 和前端开发是什么关系

HTML 用来定义页面结构和核心内容，CSS 用来为这些内容加上样式，JavaScript 则用来同时做到这两件事。但如果是这样的话，前两者又有什么用呢？成本问题。若想在页面中创建一个段落，如果用 HTML 格式，则一组标签就可以完成：

```
<p>Yo</p>
```

但如果用 JavaScript 做相同的事，则复杂一些：

```
let paragraph = document.createElement('p');     // 创建容器
paragraph.innerText = 'Yo';                      // 设置内容
document.body.appendChild(paragraph);            // 追加至页面末尾
```

在浏览器中按 F12 键打开控制台（Console），在控制台中粘贴这段代码，你会发现页面的最后多了一个“Yo”。

虽然成功了，但很烦琐不是吗？既然这么烦琐，JavaScript 还有存在的必要吗？有。

虽然 JavaScript 几乎可以做 HTML 和 CSS 能做的所有事情，但它存在的意义并不是为页面建立结构和指定样式；它是用来指导浏览器如何**动态地**建立结构及作用样式的。比如文章内容很多，如果想让文章在初始状态只显示一部分，则单击某个按钮（如“展开全部”按钮）才显示所有内容。这就是需要控制逻辑，这才是 JavaScript 最恰当的使用场景。

1.3.4　后端开发是怎么回事

为什么人们都争相往大城市跑？因为大城市“机会多”“更便利”。那么“机会多”“更便利”的本质是什么呢？资源集中。中心化的最大优势就是限制少、选择多、效率高。

如果后端是“大城市”，客户端就是“乡下人”。只不过老乡们访问大城市的速度非常快，而且点到为止，拿到他需要的东西就立即返回乡下。如果没有后端，则相当于城市消失了，老乡就不可能拿到需要的东西了。

除此之外，后端还解决了状态维护和控制权限的问题。如果任何人的银行余额都可以被任何人修改，则一切就乱套了。余额只有在两种情况下才应该被改变——别人转钱给他或他转钱给别人。付款方的余额要减去转出去的金额，收款方的余额要加上收到的金额。这就是权限控制和状态维护。这种控制肯定不能放在前端，否则你的银行账户就危险了。为什么需要后端也就不难理解了。

由于内容范围的限制，本书不涉及后端的讨论。

1.4　一张网页是怎么加载出来的

就像买菜需要钱，炒菜需要锅一样，上网冲浪这件事也是需要前提条件的。首先得有“网”，然后得和“网”取得联系。

对普通用户来说，只需要做好后半部分——有一台能联网的设备（比如手机或电脑），然后在设备上安装一个浏览器软件，这样就可以和“网”取得联系。

“网”是什么？对普通用户来说，这是一个无趣的问题，用户不要去想这个问题，只要知道怎么“上”就好了。但是对于开发者，尤其是 Web 开发者，理解网络和网络的工作原理是至关重要的，否则在工作中会很频繁地体验到“我是谁，我在哪里”的慌张感。

从微观上看，计算机网络是相当复杂的，因为这个世界是复杂的，情况太多、需求太多、问题太多。为了满足多样性，计算机网络不得已从单一，纯粹的单连接变成了一张复杂无比的“巨网”。幸运的是，从宏观上看，任何一类网络连接的原理都是通俗易懂的。

1.5　服务器端和客户端

1.5.1　服务器端

服务器和你的电脑一样，也是一台计算机。但如果真的一样为什么叫服务器呢？因为目的不同。

个人电脑的用途是非常广泛的，看网页、发邮件、玩游戏等。这些仅仅是通用需求，不同的人还可能有不同的需求：设计师要做图，程序员要写代码……这就决定了个人计算机是功能丰富且“三心二意”的。“三心二意”的机器通常也可以做完事情，但是效率通常很低，区别就在这里。

服务器是很专注的，手头通常只有一件或几件事，通常那几件事也是最重要的。为了尽可能节省资源，大部分服务器甚至没有图形界面。因为在服务器运行起来之后，几个月甚至几年我们可能都不会再去理它。在 Web 开发领域，服务器要做的最重要事情就是：当用户需要“看网页”时，将正确的数据返回给用户。

但服务器不会主动联系客户端发送内容，否则根本联系不过来。一般都是客户端先喊一嗓子告诉服务器自己需要哪张网页或文件，然后等着。我们将这一步称为请求（Request）。它在等什么呢？等回应；如果一切正常，服务器会返回客户端想要的内容，我们将这一步称为响应（Response）。响应后服务器就撒手不管了，至于客户端拿返回的内容做什么服务器是不在乎的。

服务器的行事宗旨就是：多快好省地返回正确的信息。

1.5.2 客户端

建立任何连接都至少需要两端。以 Web 连接为例，服务器端就是“网站那头”，客户端就是“用户那头”。

狭义的客户端就是用户设备，一台设备就是一个客户端。可实际上一台设备是可以安装多个浏览器的。虽然浏览器是虚拟的，但它们在逻辑和功能上都是独立的。如果它们分别向同一台服务器“喊话”，则服务器很难确定它们是否来自同一台设备，所以我们通常说的客户端是根据语境来决定的：

◎ 如果说“开发一个客户端”，那么其指代的一般是软件应用。
◎ 如果相对服务器来说，那么客户端就变成了设备、浏览器，甚至可以是任何一个能发请求的应用（哪怕是只能输入文字的命令行）。

客户端在收到服务器的响应后，就开始解析返回的内容了；通过解析 HTML 代码，浏览器得知页面中需要的其他资源，如图片、视频、样式规则等。此时浏览器会根据需要进一步获取这些资源（也就是我们常说的下载），只不过这一步是自动完成的，用户无须做任何操作。如果没有这一步，网页就只能以纯文字形式显示和图片，没有颜色，也没有任何动态的内容。

在 Web 开发中，客户端通常指浏览器。如果没有明确说明，本书中所说的客户端一律指浏览器。

1.6 HTML 和 CSS 的关系

1.6.1 HTML 是骨架

很难想象一个人在桌前对着一块砧板坐一夜，隔一会儿就噼里啪啦敲几下，一会儿哭一会儿笑，是一种什么景象。事实上，在猫眼中我们就是这样的。只不过我们面对的是一块会发光的“砧板”而已。但为什么这块“板子”如此吸引人？“上网”到底是在做什么？

获取信息。

重点在“信息”，一种看不见摸不着却真实存在的东西。无论“1 + 1 = 2”这段字符显示得多么粗糙，都不会影响它传递了完整的信息，以及这条信息的内在逻辑是正确的，不是吗？HTML 就是用来盛放最核心的内容——信息。

所以，在 CSS 和 JavaScript 出现之前，HTML 就出现了。这是必然的，因为如果连最核心的信息都无法有效传递，那围绕着它的一切装饰物和附属品都是毫无意义的。

除满足承载核心信息的需求外，HTML 还解决了一个重要的问题——将信息结构化。

试想有这样一篇文章：

背影

我说道：“爸爸，你走吧。”他望车外看了看，说：“我买几个橘子去。你就在此地，不要走动。”我看那边月台的栅栏外有几个卖东西的等着顾客。走到那边月台，须穿过铁道，须跳下去又爬上去。父亲是一个胖子，走过去自然要费事些。我本来要去的，他不肯，只好让他去。我看见他戴着黑布小帽，穿着黑布大马褂，深青布棉袍，蹒跚地走到铁道边，慢慢探身下去，尚不大难。可是他穿过铁道，要爬上那边月台，就不容易了。他用两手攀着上面，两脚再向上缩；他肥胖的身子向左微倾，显出努力的样子。

评论

王花花　大概，天底下的父亲，老去的样子都有些共同的特质吧

李拴蛋　我们都不愿意承认他老了

刘备备　想吃橘子...

此时上面的信息基本没有结构，只能通过断行或缩进尽可能让内容更易读，编辑时的状态就是其最终的显示效果。

HTML 就派上了用场，见下方的代码：

代码

```
<artcle>
 <h1>背影</h1>
 <p>
我说道：“爸爸，你走吧。”他望车外看了看，说：“我买几个橘子去。你就在此地，不要走动。”我看那边月台的栅栏外有几个卖东西的等着顾客。走到那边月台，须穿过铁道，须跳下去又爬上去。父亲是一个胖子，走过去自然要费事些。我本来要去的，他不肯，只好让他去。我看见他戴着黑布小帽，穿着黑布大马褂，深青布棉袍，蹒跚地走到铁道边，慢慢探身下去，尚不大难。可是他穿过铁道，要爬上那边月台，就不容易了。他用两手攀着上面，两脚再向上缩；他肥胖的身子向左微倾，显出努力的样子。
 </p>
</artcle>

<section id="comment-list">
 <div class="title">评论</div>
 <div class="comment">
```

```
    <strong class="username">王花花</strong>
    <span class="content">大概，天底下的父亲，老去的样子都有些共同的特质吧
</span>
  </div>
  <div class="comment">
    <strong class="username">李拴蛋</strong>
    <span class="content">我们都不愿意承认他老了</span>
  </div>
  <div class="comment">
    <strong class="username">刘备备</strong>
    <span class="content">想吃橘子...</span>
  </div>
</section>
```

一头雾水没关系，后面我们会细说每一个部分。总之这段内容给人感觉反而更烦琐。但烦琐是代价，重要的是现在这段信息有结构了。这就意味着计算机可以通过结构的规律将其显示得更便于阅读（甚至是交互）。

以下是不加任何装饰性内容直接让浏览器呈现的结果：

效果

背影

我说道："爸爸，你走吧。"他望车外看了看，说："我买几个橘子去。你就在此地，不要走动。"我看那边月台的栅栏外有几个卖东西的等着顾客。走到那边月台，须穿过铁道，须跳下去又爬上去。父亲是一个胖

评论
王花花 大概，天底下的父亲，老去的样子都有些共同的特质吧
李拴蛋 我们都不愿意承认他老了
刘备备 想吃橘子...

在线演示 3-1

这是纯 HTML 在没有引入任何装饰时的显示效果。很明显，即便是这样也比纯文字状态易读了许多。但注意，HTML 本身没有样式，字体大小和粗细有变化的原因是浏览器的默认样式起了作用，与 HTML 没有关系。而重点就在这里，这意味着我们可以基于这个结构设计自己的页面效果，见下方的示例。

代码

```
<style>
  body { font-family: 'Microsoft YaHei', sans-serif; }
  #comment-list { background: #f0f0f0; padding: 10px; border: 1px solid #ccc;
margin-top: 25px; }
  #comment-list .comment { margin-top: 10px; margin-bottom: 10px; }
  #comment-list .title {
    color: #777; font-size: 1.1rem; padding-bottom: 5px;
    border-bottom: 1px solid #ccc;
  }
```

```
</style>

<artcle>
  <h1>背影</h1>
  <p>
我说道：“爸爸，你走吧。”他望车外看了看，说：“我买几个橘子去。你就在此地，不要走动。”我看那边月台的栅栏外有几个卖东西的等着顾客。走到那边月台，须穿过铁道，须跳下去又爬上去。父亲是一个胖子，走过去自然要费事些。我本来要去的，他不肯，只好让他去。我看见他戴着黑布小帽，穿着黑布大马褂，深青布棉袍，蹒跚地走到铁道边，慢慢探身下去，尚不大难。可是他穿过铁道，要爬上那边月台，就不容易了。他用两手攀着上面，两脚再向上缩；他肥胖的身子向左微倾，显出努力的样子。
  </p>
</artcle>

<section id="comment-list">
  <div class="title">评论</div>
  <div class="comment">
    <strong class="username">王花花</strong>
    <span class="content">大概，天底下的父亲，老去的样子都有些共同的特质吧
</span>
  </div>
  <div class="comment">
    <strong class="username">李拴蛋</strong>
    <span class="content">我们都不愿意承认他老了</span>
  </div>
  <div class="comment">
    <strong class="username">刘备备</strong>
    <span class="content">想吃橘子...</span>
  </div>
</section>
```

效果

背影

我说道："爸爸，你走吧。"他望车外看了看，说："我买几个橘子去。你就在此地，不要走动。"我看那边月台的栅栏外有几个卖东西的等着顾客。走到那边月台，须穿过铁道，须跳下去又爬上去。父亲是一个胖子，走过去自然要费事些。我本来要去的，他不肯，只好让他去。我看见他戴着黑布小帽，穿着黑布大马褂，深青布棉袍，蹒跚地走到铁道边，慢慢探身下去，尚不大难。可是他穿过铁道，要爬上那边月台，就不容易了。他用两手攀着上面，两脚再向上缩；他肥胖的身子向左微倾，显出努力的样子。

评论

王花花 大概，天底下的父亲，老去的样子都有些共同的特质吧

李拴蛋 我们都不愿意承认他老了

刘备备 想吃橘子...

在线演示 1-2

这里只是举了一个小示例。你可以轻而易举地让页面的风格千变万化，进而让用户体验有所差异（或差距）。“千变万化”因 CSS 灵活、强大，“轻而易举”因 HTML 简洁、有序。结构的力量！

1.6.2 CSS 是皮肤

一个充满活力的生态是不满足于现状的。人们在适应了便利地浏览核心信息之后，就会想方设法改进浏览的体验。比如，让自己的博客以多栏显示，以便在视觉上区分不同板块；修改字体颜色，以便强调一些重要信息等。

起初的做法是——准备几种特殊的标签，专门用于样式的指定。涉及布局的地方，如果没有特殊标签就直接用表格布局。以下没有任何样式的状态（以下代码均不需要看懂）：

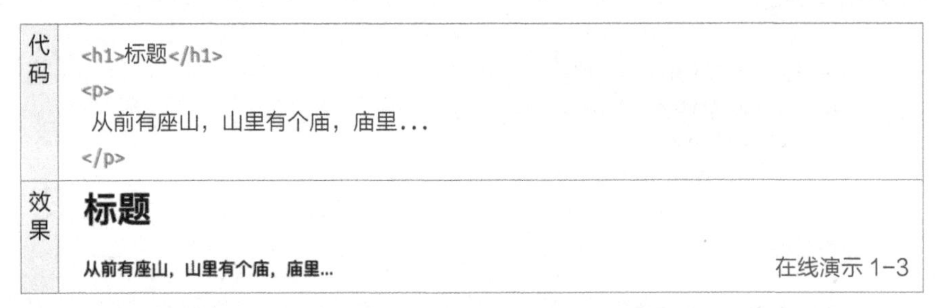

代码

```
<h1>标题</h1>
<p>
 从前有座山，山里有个庙，庙里...
</p>
```

效果

在线演示 1-3

此时的页面结构如图 1-1 所示。

如果想让标题居中，则需要给其添加元素<center>，见下方的示例。

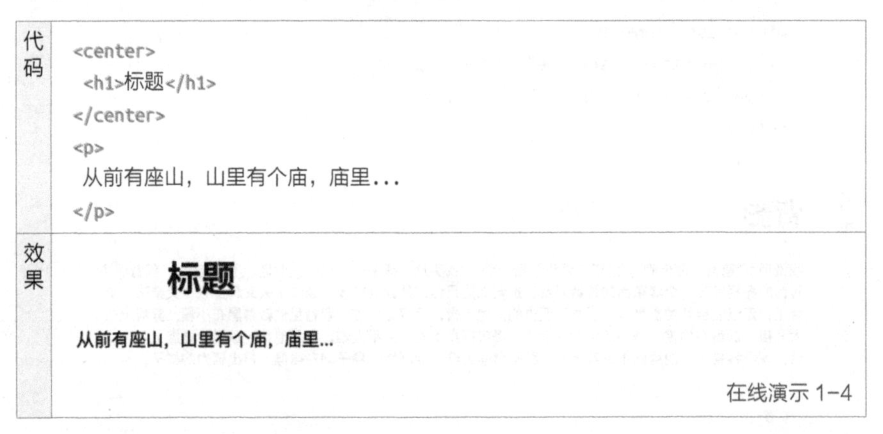

代码

```
<center>
 <h1>标题</h1>
</center>
<p>
 从前有座山，山里有个庙，庙里...
</p>
```

效果

在线演示 1-4

此时的页面结构如图 1-2 所示。

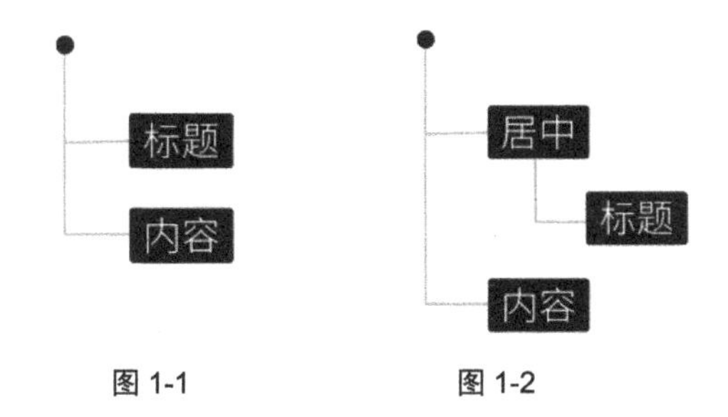

图 1-1　　　　图 1-2

居中标题的目的确实达到了，但是有一个很大的问题：如果我改变主意了，不想让其居中了，那么我还得再去将<center>元素去掉。这对于简单的页面确实可行，但如果是复杂的页面，这种做法的工作量就是噩梦，因为每个地方都得修改，无论是对齐方式、颜色、背景色，还是大的布局都必须通过修改结构才能完成。这种做法的最大问题是可维护性太差，很多时候为了一种样式要修改很多不必要的结构，枯燥、重复、削足适履的工作太多，基本上写一次就再也不想改了。

这个问题亟待解决，而且解决方案还要兼容现有规则。现有规则是什么？HTML 的语法及结构。不过既然 HTML 已经有结构了，为什么不好好利用呢？

以前面示例中的文章页面为例，如果我们想更改标题，是否可以先统一选中所有标题，然后说明想要什么样式规则呢？就像下面这样：

```
所有 h1 元素听着
  对齐方式　居中。
  字体颜色　黑色。
```

如果想将所有段落字体放大，则像下面这样：

```
所有 p 元素听着
  字体大小　150%。
```

这种方式的确很高效！同时这个规则与 HTML 语法无关，相当于另一种语言。这样结构和样式就不会互相影响，结构是结构，样式是样式，两者隔离开了。如果想修改样式，则完全不需要劳 HTML 大驾，只需要修改样式文件即可，更便于管理和维护。这就是 CSS，只不过其语法更简洁。

下面以修改标题对齐方式为例：

```
h1 { /* 所有 h1 元素听着　*/
  text-align: center; /* 对齐方式　居中 */
}
```

通过批量选择和处理，极大地提高了开发效率，降低了维护成本，四两拨千斤。

HTML 篇

第 2 章 HTML 语法基础

我们写出来的代码最后会交给浏览器处理。然而世界上有这么多 Web 开发人员，又有这么多浏览器厂商，如果没有规矩则会乱成一锅粥。那怎么办呢？坐下来喝茶，Web 开发人员和浏览器开发人员大家一起聊聊看看规矩怎么定。

定规矩这件事责任重大，任何一条规矩都会经过充分的考虑和研究，才会正式发布成为标准。战线很长，因为标准一旦发布，两头的开发者都要向规矩靠拢。HTML 的语法就是这些规矩中的一部分。所以“语法”是一切的前提，若不按规矩来浏览器就看不懂。

2.1 元素——构成网页的基本单位

哪怕你需要的仅仅是一个标题，也需要用元素表示。比如下面这个标题就用到了`<h1>`元素：

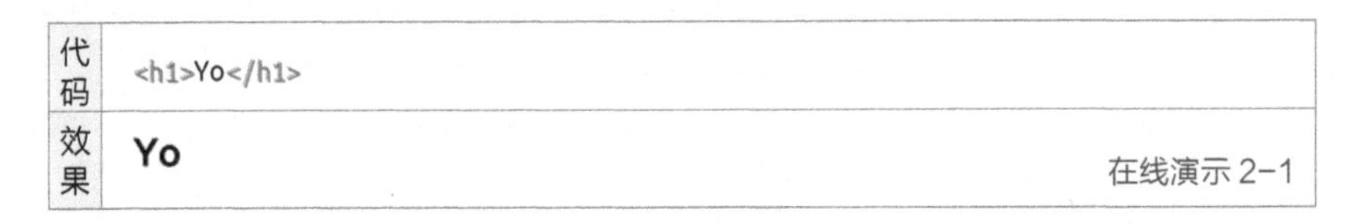

代码	`<h1>Yo</h1>`
效果	**Yo** 在线演示 2-1

本章后面会大量用到一个术语——元素，有时它也被称为标签，这两个术语通常的是一个东西，只是角度有所不同而已（“元素”倾向于结构功能，“标签”倾向于语法形式）。

`<h1>`元素告诉浏览器“Yo”这个字符是一个大标题，而不是普通的字符。HTML 元素的意义就在这里，它们最重要的作用就是告诉浏览器自己是什么、跟其他元素有什么关系，而不是看起来怎么样（虽然大部分浏览器会给它们加上默认样式）。因为 HTML 是用于确定网页结构的。

大部分 HTML 标签包含 3 个部分：开始标签、内容区和结束标签。

1. 开始标签——告诉浏览器元素从哪里开始

没有它，浏览器就不知道一个元素开始的边界在哪里，自然也无法解析出正确的结果，如图 2-1 所示。

图 2-1

2. 内容区——告诉浏览器元素所包含的内容

内容区包含的内容可以是文字、图片，甚至可以是其他元素（包含的其他元素通常被叫作“子元素”或“后代元素”），如图 2-2 所示。

图 2-2

3. 结束标签——告诉浏览器元素到哪里结束

一个标签只要可以包含内容，那就肯定需要结束标签（如图 2-3 所示），否则结束的边界就很难确定。其实就算你不写结束标签，主流浏览器也会正确解析，但没有结束标签很容易犯层级结构上的错误（搞错“辈分”）。

图 2-3

提示：有一类元素不需要结束标签——自关闭标签，如`<img>`（图片）、`<input>`（输入）、`<br>`（断行）……你会发现这类元素有一个特点——没地方写内容。因为没意义，它们的内容就是它们本身，比如一张图片内部能写代码就会让人感觉怪怪的。在后面的章节中我们会细说这类标签。

2.2　元素的属性——元素自身携带的功能和特性

就像一个人有名字、年龄、性别等属性一样，元素拥有自己的属性，如图 2-4 所示。

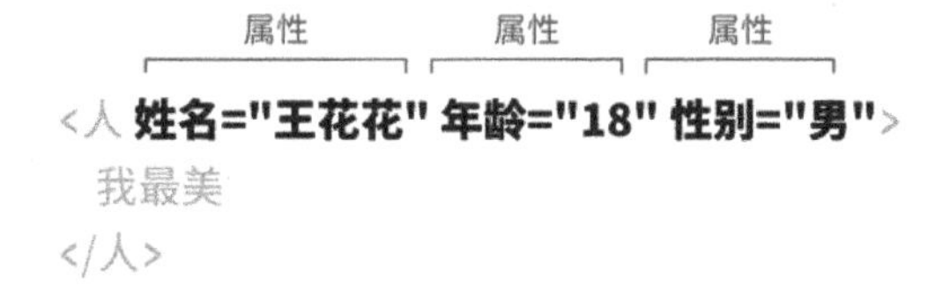

图 2-4

当然，<人>这个标签是不存在的。但道理是一样的，比如，我们可以给`<h1>`添加 `title`

属性，当鼠标光标在大标题上停留时就显示一行小提示。

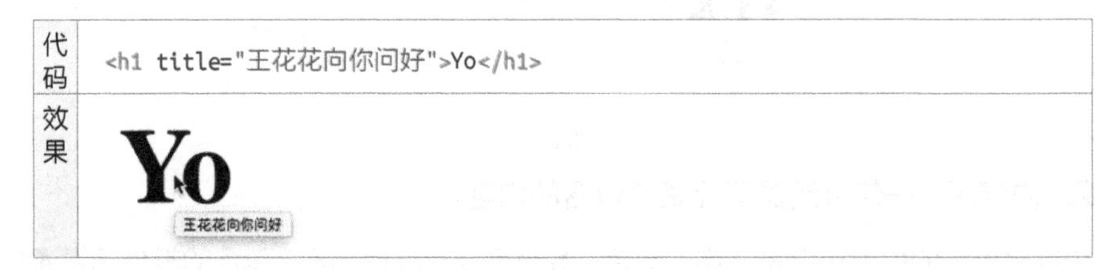

代码

```
<h1 title="王花花向你问好">Yo</h1>
```

效果

不同的元素可以拥有不同的属性。比如，`<input>`元素有一个属性叫作 `placeholder`，用于指定输入框在未输入之前显示的文字。

代码

```
<input placeholder="请输入用户名">
```

效果

请输入用户名

在线演示 2-2

2.3 注释——给代码添加的备注信息

注释有两个主要作用：（1）为代码添加备注信息；（2）隐藏暂时不用但又不想马上删除掉的代码。

注释内无论有多少内容都会被浏览器忽略。注释的结构如图 2-5 所示。

注释开始　　　　　　　　注释结束

`<!-- 看不见我看不见我... -->`

图 2-5

注释中有两类内容。

1. 备注信息

代码

```
<h2> <!-- 大标题开始 -->
  我的心里只有一件事，那就是敲代码。
</h2> <!-- 大标题结束 -->
```

效果

我的心里只有一件事，那就是敲代码。

在线演示 2-3

2. 忽略代码

代码

```
<h2>突然拥有梦想</h2>
<!-- <h2>突然失去梦想</h2> -->
```

效果

突然拥有梦想

在线演示 2-4

2.4　本章小结

标记语言的核心在于“标记”，即对文字信息的“定性”。标记的方式就是在一段信息的前后各加一个标签，将其“卡住”，这也就是为什么标签通常会成对出现的原因。

语法是构成语言的基石。与自然语言不同，程序语言的语法要严格得多，否则就会出现大量歧义，进而造成浏览器曲解我们的意图，导致运行异常或程序漏洞，即我们常说的 Bug。

初学者最常犯的错误就是“想的对，敲的错”，抓耳挠腮一晚上，最后哭笑不得——竟因为一个小的语法而出错。敲代码时要仔细，在中文环境下尤其要注意中英文标点的区分。

第3章

布局类元素——房子的楼板、柱子和大梁

元素的分类方式有很多，常规做法是按照是否为自关闭或显示方式来分类。这些分类方式固然没有任何问题，然而却不是最符合直觉的分类方式。

本书将采用一种更加贴合实际应用的分类方式，我们可以将所有元素通过其功能分为两大类：布局类元素（结构）、功能类元素（细节）。本章将详细讨论布局类元素。

3.1 布局元素必要的基础

3.1.1 <html>——最外层的元素，包含网页的全部内容

如果把网页比作洋葱，一层包一层，那<html>标签就是洋葱最外层的皮。<html>是一张网页的根元素，所有的元素都应该被包裹在其中，见下方示例。

代码

```
<html>
    Yo, world.
</html>
```

效果

Yo，world.

在线演示 3-1

事实上这段代码是不规范的，但它确实可以在主流浏览器中运行。如果要规范这段代码，则需要用到<body>元素。

3.1.2 <head>——包含给机器看的内容

如果把一张网页比作一个人，那<head>标签则包含了一个人的基础信息，这些信息虽然无法直接观察到，但确实存在，如姓名、人格、价值取向……

<head>用于包含一张网页中抽象的基础信息（元信息）。

<head>和<body>的区别在于：

◎ <head>中只能包含抽象的元信息。

◎ <body>中只想包含看得见摸得着的内容，如发型、长相、着装等。

并不是说<body>不能包含抽象内容，它也可以，只是它不想，你硬要把抽象内容写在<body>中也勉强行，但它更在乎看得见摸得着的内容。

<head>元素中的内容一般比较抽象，而且很杂，通常其中的任何一项都会涉及 Web 开发的一方面，见下方的示例：

```
<html>
  <head>
    <meta charset="utf-8"> <!-- 懵 1 -->
    <link rel="stylesheet" href="styles.css"> <!-- 懵 2 -->
    <script src="script.js"></script> <!-- 懵 3 -->
  </head>
</html>
```

只是单纯了解 HTML，将很难理解<head>中的大部分内容。

很多同学在此处会走入一个误区——容易跟这些生僻又奇怪的东西正面较劲。我的建议是——跳过它们。后面学到跟它们相关的领域时，问题自然会迎刃而解，因为那时的你已经有足够的背景知识来理解它们。

3.1.3 <body>——包含给人看的内容

如果把一张网页比作一个人，那<body>元素就表示一个人所有的可见部分，如五官、四肢、衣服……对于真实存在但是肉眼不可见的部分，如思想、人格、价值取向等，<body>元素是管不着的。

<body>中包含着页面中的所有可见内容，比如文字、链接、段落、图片……所以，所有可见内容都应该被包裹在<body>中，见下方示例。

代码

```
<body>
  Yo, world.
</body>
```

效果

Yo，world.

在线演示 3-2

这样语法就规范多了。因为“Yo，world.”是给人看的内容，所以应该被包含到<body>元素中。

作为所有可见内容的容器，<body>元素自然是可以包含子元素的，见下方示例。

代码

```
<html>
  <body>
    <h1>Yo, world.</h1>
  </body>
</html>
```

效果	Yo，world. 在线演示 3-3

3.2 其他布局元素

3.2.1 <div>——结构级别的容器

<div>元素是网页中的常客。我们要布局一张网页自然要频繁划分区域，而<div>元素就是专门用于划分区域的，通常作为容器而存在。见下方示例。

代码

```
<body>
    <div>你好我是 div</div>
</body>
```

效果

你好我是div

在线演示 3-4

<div>元素非常纯粹，在没有明确指定的情况下<div>没有边框、填充、边距，完全透明。在标签中没有内容的情况下它的“高度”为零，完全不可见。它的高度随其中的内容而定——内容多就高，内容少就低。

可以说<div>是一个完美的容器，可以将其想象一个完全透明的塑料袋，没有质量，体积为零，但容积可以无限伸缩，质量还极好。

<div>元素默认占母元素的整个宽度（这个内容会在 CSS 部分详细讲解），所以当出现多个<div>时，它们在视觉上是摞起来的，见下方示例。

代码

```
<body>
    <div>A</div>
    <div>B</div>
    <!-- 有没有断行都不会影响渲染结果 -->
    <div>C</div><div>D</div>
</body>
```

效果

A
B
C
D

在线演示 3-5

<div>元素可以多级嵌套，见下方示例。

代码

```
<body>
  <div>
    <div>A</div>
    <div>B</div>
  </div>
```

	</body>
效果	A B 在线演示 3-6

3.2.2 <main>——用于包裹页面的主体内容

<main>元素用于包裹页面主体内容，如图 3-1 所示。

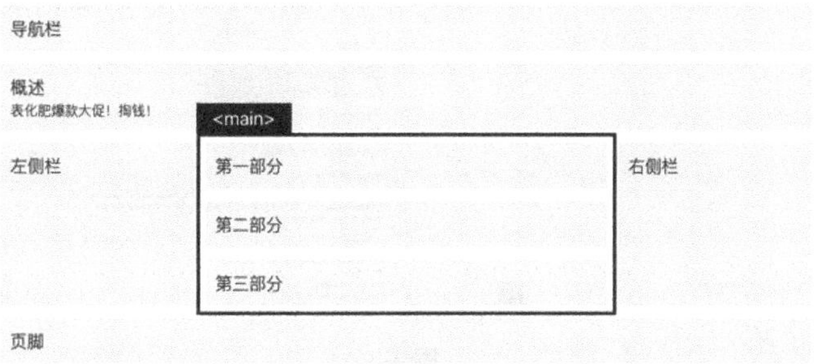

导航栏
概述
表化肥爆款大促！掏钱！
<main>
左侧栏
第一部分
第二部分
第三部分
右侧栏
页脚

图 3-1　　在线演示 3-7

如果是新闻页，那新闻内容就是主体，如图 3-2 所示。

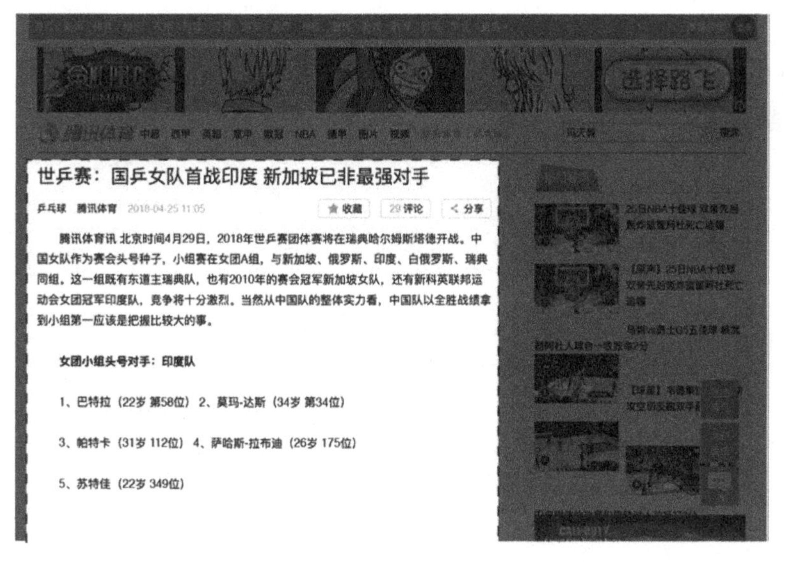

世乒赛：国乒女队首战印度 新加坡已非最强对手

乒乓球　腾讯体育　2018-04-25 11:05　收藏　29 评论　分享

腾讯体育讯 北京时间4月29日，2018年世乒赛团体赛将在瑞典哈尔姆斯塔德开战。中国女队作为赛会头号种子，小组赛在女团A组，与新加坡、俄罗斯、印度、白俄罗斯、瑞典同组。这一组既有东道主瑞典队，也有2010年的赛会冠军新加坡女队，还有新科英联邦运动会女团冠军印度队，竞争将十分激烈。当然从中国队的整体实力看，中国队以全胜战绩拿到小组第一应该是把握比较大的事。

女团小组头号对手：印度队

1、巴特拉（22岁 第58位）2、莫玛·达斯（34岁 第34位）

3、帕特卡（31岁 112位）4、萨哈斯-拉布迪（26岁 175位）

5、苏特佳（22岁 349位）

图 3-2

如果是商品详情页，那商品描述就是主体，如图 3-3 所示。

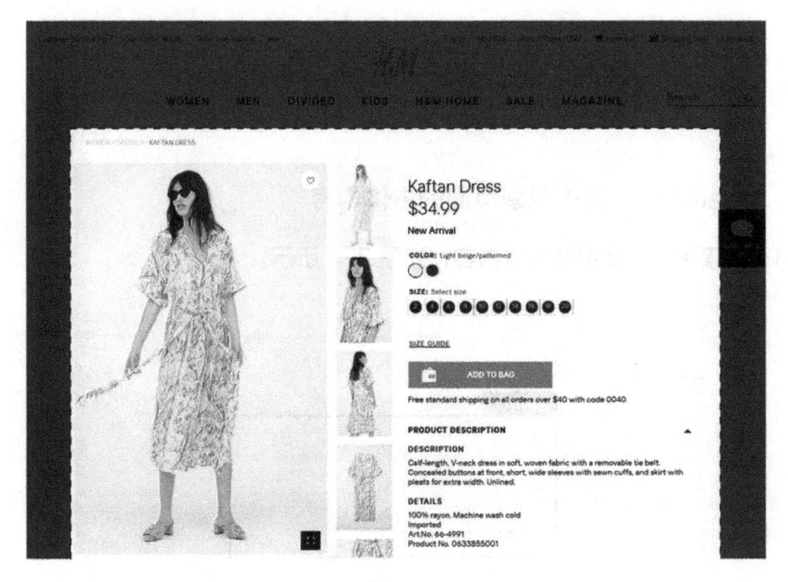

图 3-3

3.2.3 <nav>——导航栏

<nav>元素用于包裹页面导航信息，如图 3-4 所示。

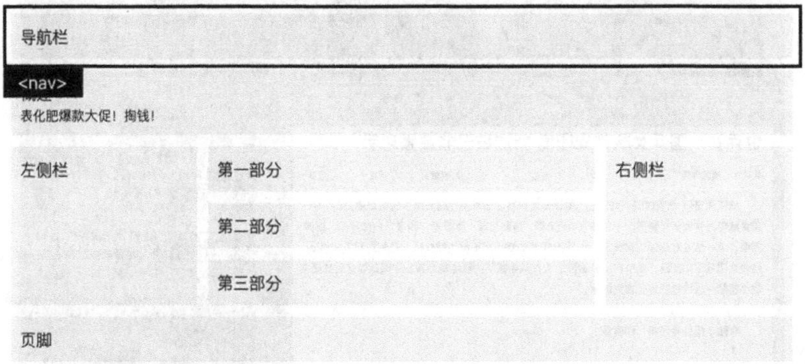

导航栏

<nav>

表化肥爆款大促！掏钱！

左侧栏

第一部分

第二部分

第三部分

右侧栏

页脚

图 3-4　　在线演示 3-8

图 3-5 是百度的产品导航。

图 3-5

图 3-6 是 QQ 新闻的分类导航。

图 3-6

3.2.4　<header>——概述

<header>元素用于包裹引导性的内容，如标题、概述，也可以包裹 logo、搜索框等，如图 3-7 所示。

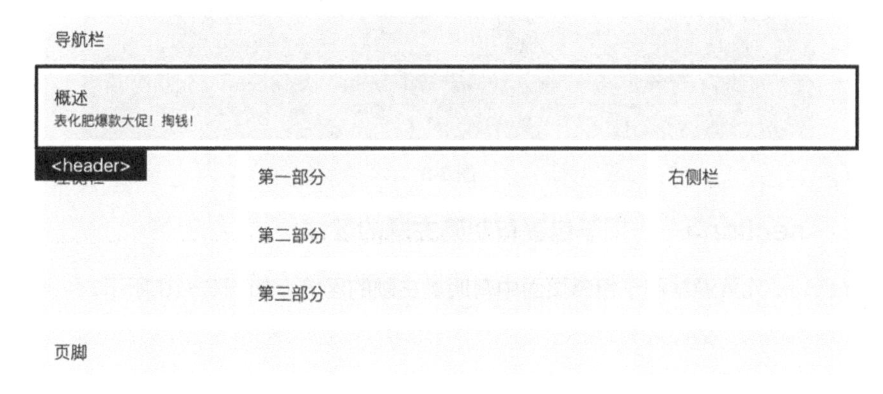

图 3-7　　在线演示 3-9

图 3-8 是知乎专栏文章的概述。

图 3-8

图 3-9 是百度的搜索头部。

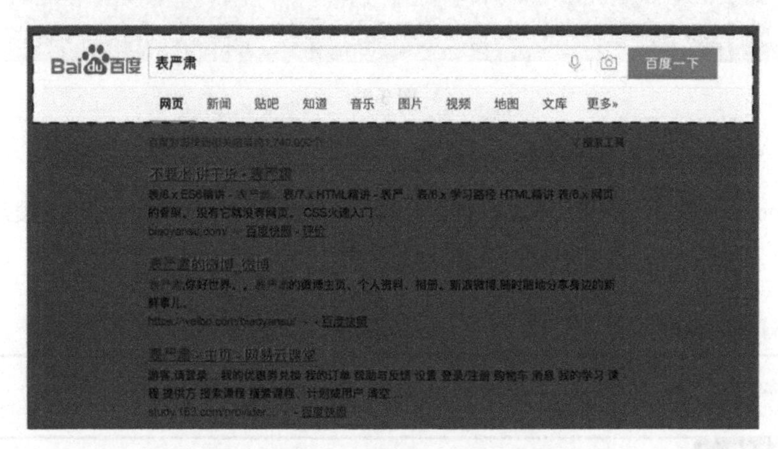

图 3-9

3.2.5 <section>——用于包裹有明确主题的区域

<section>元素通常用于包裹页面中有明确主题的区域，如图 3-10 所示。

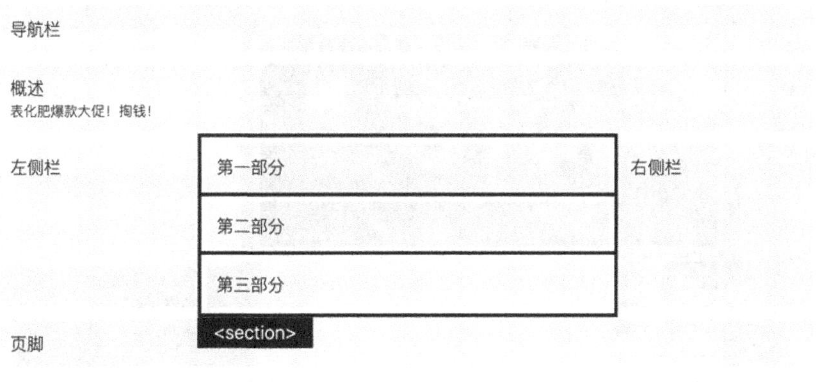

导航栏
概述
表化肥爆款大促！掏钱！
左侧栏
第一部分
第二部分
第三部分
右侧栏
<section>
页脚

图 3-10　　在线演示 3–10

产品详情页可分为多个区域，如图 3–11 所示。

JINKELA
¥69.00
立即购买
加入购物车

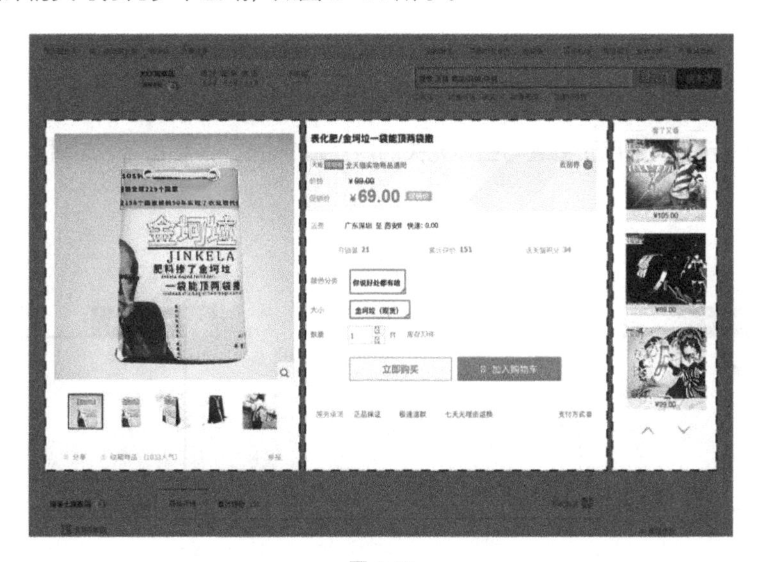

图 3-11

微博首页同样也分为了多个区域，如图 3–12 所示。

图 3-12

3.2.6 <aside>——用于包裹非主体的内容

<aside>元素通常用于包裹与主体无关的内容，如侧栏、弹出层等，如图 3–13 所示。

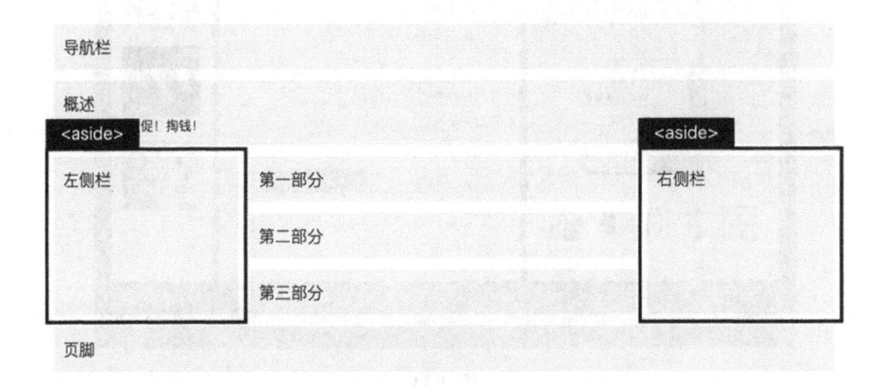

图 3-13　　　　在线演示 3–11

图 3–14 是微博的侧栏。

图 3-14

图 3-15 百度的热搜榜。

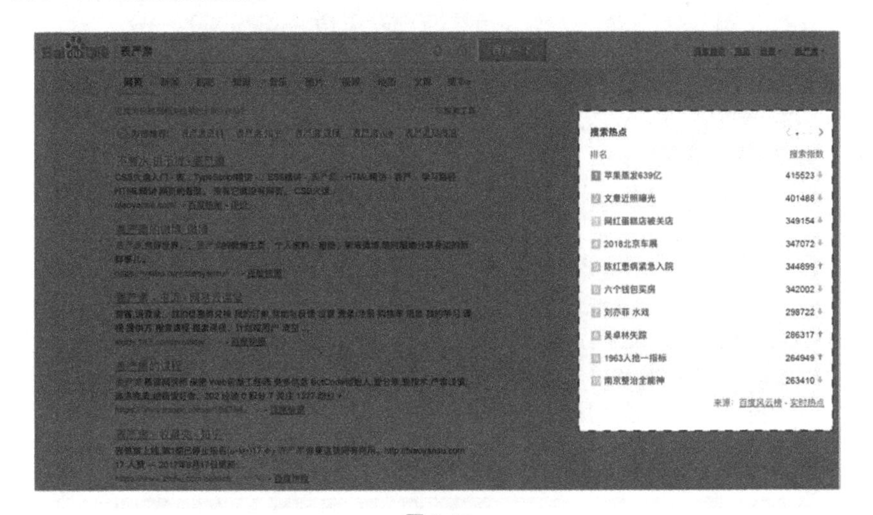

图 3-15

3.3　<footer>——页脚

<footer>元素用于指定页脚，如图 3-16 所示。

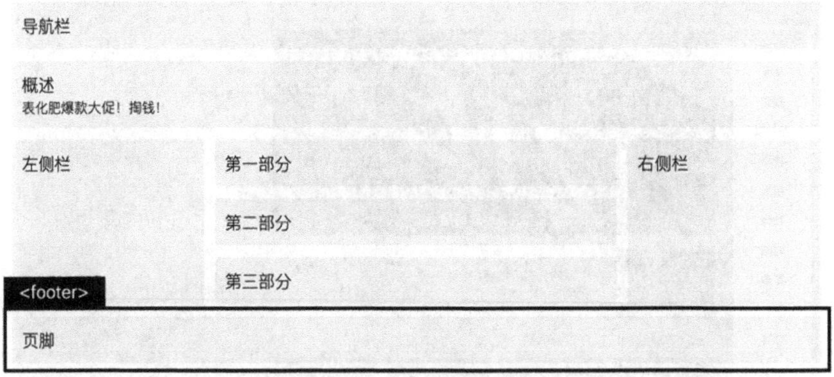

导航栏
概述
表化肥爆款大促！掏钱！
左侧栏
第一部分
第二部分
第三部分
右侧栏
<footer>
页脚

图 3-16

在线演示 3-12

图 3-17 是百度的页脚。

hao123
把百度设为主页
关于百度
About Baidu
百度推广

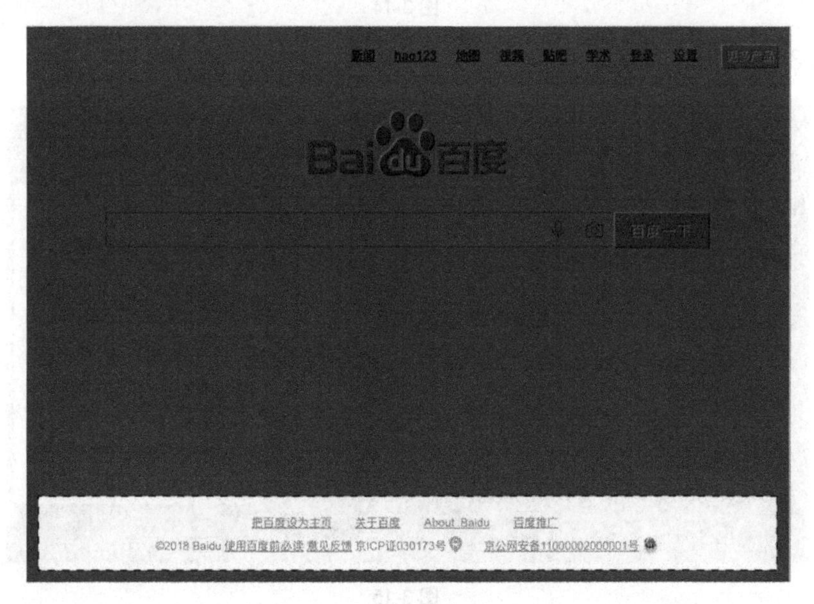

图 3-17

图 3-18 是谷歌的页脚。

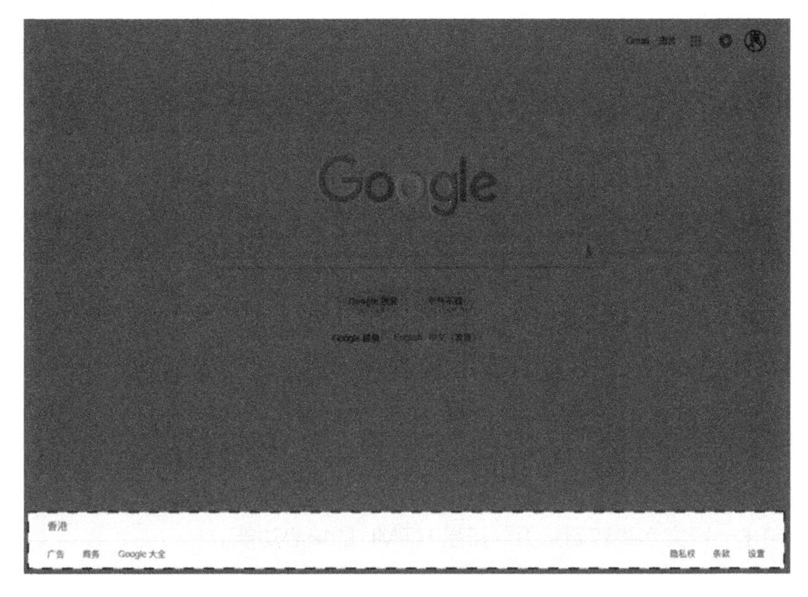

图 3-18

3.4　本章小结

布局类元素从来都是“幕后英雄”，虽然没有存在感，但却支撑着大局，相当于网页的基础设施。

如果用好这类元素，则可以为后面的布局埋好伏笔，越往后，用较少的工作量就能实现非常多而且灵活的功能。

如果无视这些元素，一上来就想赶快出效果，眉毛胡子一把抓，则会越写越混乱，未来小小的改动都可能牵一发而动全身，该还的工作量都要加倍奉还。

第 4 章

功能类元素——房子的门、窗、水管和电气

4.1 <a>——链接

<a>元素可能是HTML中年龄最大、最有代表性的元素。因为它的功能就是跳转页面，而“通过单击一行文字跳转到新页”正是HTML的核心功能。

定义一个链接有两个要素：

（1）说清链接会跳到哪里。

（2）说清链接上要显示的文字。

href属性用于指定链接地址，而在<a>元素内部可以指定要显示的文字，见下方示例。

代码

```
<a href="https://biaoyansu.com">表严肃</a>
```

效果

表严肃

在线演示 4-1

<a>不但可以包含文字，还可以包含其他元素，比如<h1>，见下方示例。

代码

```
<a href="https://biaoyansu.com">
 <h1>Yo，我是个标题，还是个链接</h1>
</a>
```

效果

Yo，我是个标题，还是个链接

在线演示 4-2

<a>甚至可以包含图片（后面会详细说图片元素），见下方示例。

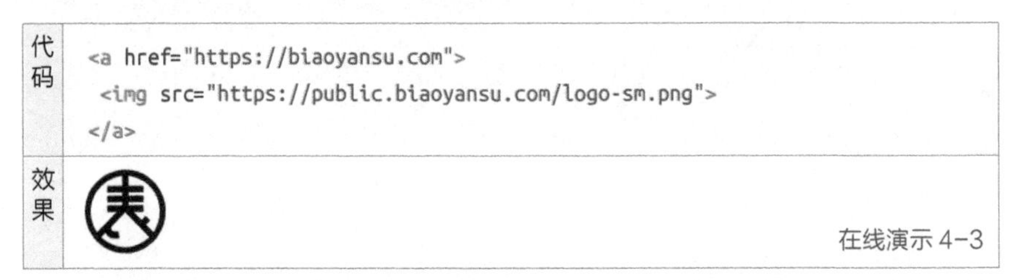

代码

```
<a href="https://biaoyansu.com">
 <img src="https://public.biaoyansu.com/logo-sm.png">
</a>
```

效果

在线演示 4-3

单击上面任何一个链接，会发现新页面都会在当前页打开，即当前页会被覆盖。然而有时我们不想让当前页被覆盖掉，能不能让它在新标签页里打开呢？

没问题，我们可以用 target 属性指定单击后的跳转方式。target 一共有以下几个值，其中前两项最常用。

◎ _self：在当前页打开（默认值）。
◎ _blank：弹出一个新页打开。
◎ _parent：在父级页面中打开（链接在<iframe>内部的情况下）。
◎ _top：在顶级页面中打开（链接在嵌套的<iframe>内部的情况下）。

后两项涉及<iframe>元素，可以暂时忽略。

现在你可以给前面的第一个示例加上 target="_blank"（见下方代码）。虽然这个链接在视觉上不会有任何变化，但是单击它就会在新标签页中打开链接地址。

```
<a href="https://biaoyansu.com" target="_blank">表严肃</a>
```

4.2　<h1>…<h6>——标题

<h1>、<h2>、<h3>、<h4>、<h5>、<h6>都是标题标签，用于概括表示页面中不同主题的内容。其中<h1>最大，<h2>其次，依次类推，但没有<h7>。见下方示例。

代码
<h1>我是老大</h1>
<h2>我是老二</h2>
<h3>我是老三</h3>
<h4>我是老四</h4>
<h5>我是老五</h5>
<h6>我是六儿</h6>
效果
我是老大
我是老二
我是老三
我是老四
我是老五
我是六儿
在线演示 4-4

一个页面只应该有一个<h1>。因为<h1>是“老大”，所以“老大”要概括表示整个页面的主题，其他层级的标题则没有数量限制，见下方示例。

代码

```
<h1>我们都有光明的前途</h1>

<h2>王花花考上了北京大学</h2>
<h2>李拴蛋进了中等职业技术学校</h2>
<h2>刘备备在百货公司当售货员</h2>
```

效果

我们都有光明的前途

王花花考上了北京大学

李拴蛋进了中等职业技术学校

刘备备在百货公司当售货员

在线演示 4-5

4.3 <img>——图片

<img>用于定义网页中的图片。我们平常在网页中见到的大部分图片都是用这个标签定义的，见下方示例。

代码

```
<img src="https://public.biaoyansu.com/mao.jpg">
```

效果

在线演示 4-6

由于标准中并没有明确说明浏览器需要支持的图片格式，所以不同浏览器支持的格式有可能不同。不过常见格式通常都是被广泛支持的。

◎ JPEG：高压缩比，.jpg、.jpeg 文件。
◎ GIF：可做动图，.gif 文件。
◎ PNG：带有不透明度通道，.png 文件。
◎ SVG：矢量图形，.svg 文件。

<img>的核心属性包括以下几个。

◎ `src`：用于指定图片存放在哪里（图片地址）。没有这个属性，浏览器就不知道去哪里找这张图片，必填。
◎ `alt`：用于指定图片主题。当图片加载失败时，显示的文字就是它的内容。

◎ width 和 height：指定图片宽高。通常不推荐使用这组属性，建议使用 CSS 来实现。

◎ border：边框，通常不推荐使用此属性，建议使用 CSS 来实现。

4.4 <p>——段落

段落元素用于定义自然段。一个自然段对应一个<p>元素，见下方示例。

代码

```html
<p>我是个段落。</p>
```

效果

用户名：
密码：
提交　重置表单

在线演示 4-7

它也可以和其他元素组合使用，见下方示例。

代码

```html
<h1>我是大标题</h1>
<p>我是段落一。</p>
<p>我是段落二。</p>
<p>我是有<a href="https://biaoyansu.com">链接</a>的段落三。</p>
```

效果

我是大标题

我是段落一。

我是段落二。

我是有链接的段落三。

在线演示 4-8

4.5 <input>——单行文本输入框

<input>元素通常用于用户输入，比如单纯的<input>用于单行输入，见下方示例。

代码

```html
<input>
```

效果

在线演示 4-9

我们常用的“登录”“注册”都会用到该元素输入元素，如果没有输入元素，那我们将无法从用户那里直接获取数据。下面介绍其属性。

1. type——指定输入类型

type 属性用于指定<input>的类型，是<input>中最常用、最强大的一个属性。通过该属性，我们可以轻易地切换<input>的控件类型，而不同类型的控件用于输入不同类型的数据。

◎ text：<input>的默认值，即<input>和<input type="text">是一回事。

代码	`<input type="text">`
效果	在线演示 4-10

◎ password：用于输入密码，用于裸眼密码保护。

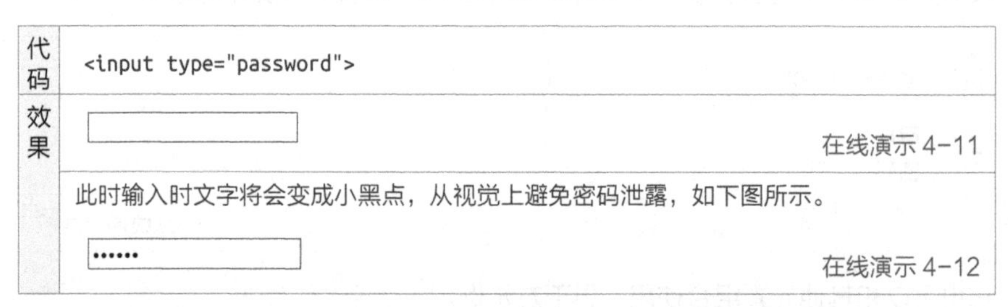

代码	`<input type="password">`
效果	在线演示 4-11 此时输入时文字将会变成小黑点，从视觉上避免密码泄露，如下图所示。 在线演示 4-12

◎ color：通过调用浏览器的色盘选择颜色。

代码	`<input type="color">`
效果	在线演示 4-13

单击<input>会调出色盘以选择颜色（不同的操作系统及浏览器在界面上可能有区别）。

◎ date：用于选择日期，见下方示例。

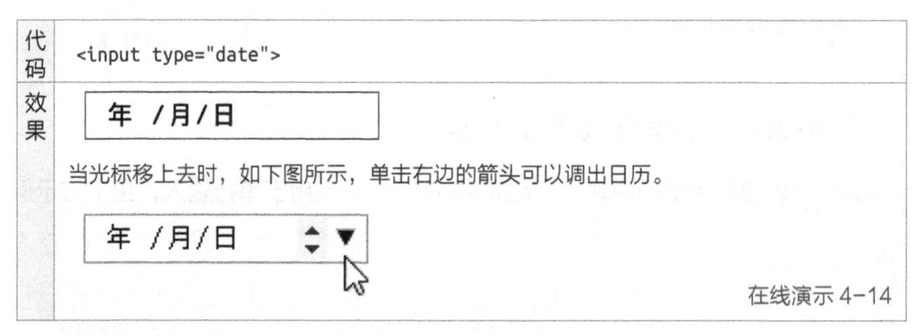

代码	`<input type="date">`
效果	年 /月/日 当光标移上去时，如下图所示，单击右边的箭头可以调出日历。 年 /月/日 在线演示 4-14

不同浏览器中的界面可能有所不同，但功能都是一样的。

◎ datetime-local：与 date 类似，只不过除日期外还可以输入时间，见下方示例。

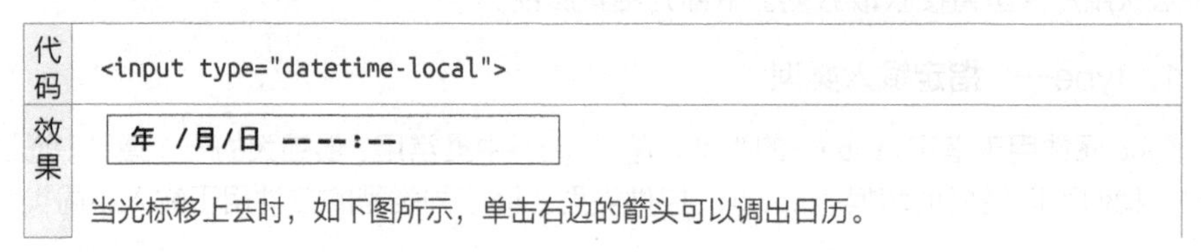

代码	`<input type="datetime-local">`
效果	年 /月/日 ----:-- 当光标移上去时，如下图所示，单击右边的箭头可以调出日历。

◎　month：仅用于用于输入年和月（没有日，也没有时分秒），与 date 类似。
◎　week：仅用于输入周号，与 date 类似。
◎　email：用于输入邮箱。见下方示例。

代码	`<input type="email">`
效果	在线演示 4-16

email 和表单配合可以验证邮箱是否正确，见下方示例。

代码

```
<form>
  请输入邮箱
  <input type="email" required>
  <button type="submit">提交</button>
</form>
```

效果

请输入邮箱： [　　　] 提交

如果输入错误的邮箱格式，则浏览器会提醒出错，如下图所示。

请输入邮箱： muhaha 提交

Please include an '@' in the email address. 'muhaha' is missing an '@'.

在线演示 4-17

◎　number：用于输入数字，见下方示例。

代码	`<input type="number">`
效果	在线演示 4-18

number 限制了用户输入的数据类型，非常适合用于数字字段，如价格、件数、汇率等，见下方示例。一些浏览器甚至会限制用户输入非数学类型的字符，这也是使用 number 的好处。

代码	请输入单价 `<input type="number">` 元
效果	**请输入单价：** [　　　] **元**　在线演示 4-19

◎　button：按钮。见下方示例。其中 value 属性可以指定按钮上的文字。

代码

```
<input type="button" value="我是按钮">
```

效果

我是按钮

在线演示 4-20

◎ checkbox：多选框，见下方示例。其中 name="meal"说明所有的选框都是针对 meal 的。你可以将 meal 想象成一个送餐盒，里面放着已选中的菜品。

代码

```
想吃点啥? <br> <!-- <br>用于断行 -->
<input type="checkbox" name="meal"> 大盘鸡<br> <!-- meal: 饭食 -->
<input type="checkbox" name="meal"> 麻麻鱼<br>
<input type="checkbox" name="meal"> 水煮肉片
```

效果

想吃点啥？
- [ ] 大盘鸡
- [ ] 麻麻鱼
- [ ] 水煮肉片

在线演示 4-21

使用 checked 属性可以使选框默认选中，见下方示例。

代码

```
<input type="checkbox" checked> 我同意服务协议
```

效果

- [x] 我同意服务协议

在线演示 4-22

◎ radio：单选框，见下方示例。其中 name="gender"说明所有的选框都是针对 gender 的，这样就可以保证在相同 name 属性的元素中只能选中一个。

代码

```
请选择你的性别<br>
<input type="radio" name="gender"> 男<br> <!-- gender: 性别 -->
<input type="radio" name="gender"> 女
```

效果

请选择你的性别
○ 男
○ 女

在线演示 4-23

同 checkbox 一样，radio 也可以用 checked 属性，可以使选框默认选中，见下方示例。

代码

```
请选择你的性别<br>
<input type="radio" name="gender"> 男<br> <!-- gender: 性别 -->
<input type="radio" name="gender" checked> 女
```

效果

请选择你的性别
○ 男
◉ 女

在线演示 4-24

◎ file：选择文件，常见的文件上传通常都是使用该属性实现的，见下方示例。

代码

```
请选择文件　<input type="file">
```

效果

请选择文件： 选择文件 未选择任何文件

单击按钮后会弹出文件管理器，选择想要的文件后单击“确定”按钮即可。

在线演示 4-25

◎ image：用图片作为提交按钮，见下方示例。其中，src 属性用于指定图片地址；width 属性用于指定元素的宽度，单位是 pixel；height 用于指定元素的高度，若不指定则根据元素宽度等比例调整。

代码

```
<input type="image" width="100" src="https://public.biaoyansu.com/6.html.input.type.png">
```

效果

在线演示 4-26

◎ range：通过限定数值的范围输入合法的数字。见下方示例。其中，min 属性用于限制最小值，max 属性用于限制最大值。

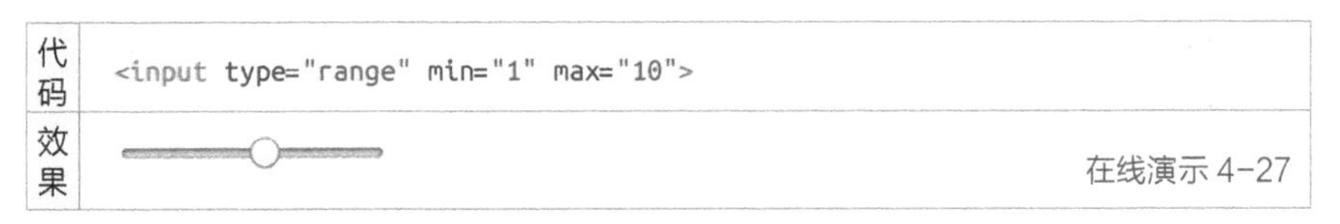

代码

```
<input type="range" min="1" max="10">
```

效果

在线演示 4-27

同时可指定 step 属性来限制步长，见下方示例。

代码

```
请选择硬盘容量（1024MB 为 1GB，最大为 4GB）<br>
<input type="range" min="1024" max="4096" step="1024">
```

效果

请选择硬盘容量（1024MB为1GB，最大为4GB）：

在线演示 4-28

这样就保证了用户只能输入 1024、2048、3072、4096 四个值中的一个。

◎ submit：视觉上像“按钮”，通常用在表单内部提交表单。与<buttontype="submit">功能相同，只不过<button>可以包含子元素，更灵活。

◎ reset：重置表单，将表单重置为初始状态。如果表单一开始是空的，则会清空表单；如果一开始有默认值，则将其还原为默认值。

submit 和 reset 类型的<input>单独使用没有意义，它通常是和<form>元素（表单）结合使用，见下方示例。

代码

```
<form>
 用户名　<input><br>
 密码　<input type="password"><br>
```

```
 <input type="submit" value="提交">
 <input type="reset" value="重置表单">
</form>
```

效果

用户名：

密码：

提交　重置表单

此时输入内容后单击“提交”按钮就会提交表单至指定地址，单击“重置表单”按钮会将表单重置为初始状态。　在线演示 4-29

注意，reset 的功能并不是清空表单，而是将其重置为初始状态，即如果表单中的输入组件有初始值，则 reset 也会将其重置为初始值，见下方示例。

代码

```
<form>
 用户名  <input value="王花花"><br>
 密码  <input type="password" value="123456"><br>
 <input type="submit" value="提交">
 <input type="reset" value="重置表单">
</form>
```

效果

用户名：王花花

密码：••••••

提交　重置表单

此时由于用户名和密码都有初始值（value="…"），单击“重置”按钮后它们两项的结果依然是初始值，即“王花花”和“123456”。　在线演示 4-30

◎ search：搜索框，在表现上与 text 没有区别，只不过有一些专为搜索定制的特性（不同浏览器的实现不一定相同），如 Chrome 浏览器在 search 类型上就有按 Esc 键清空输入内容的功能，如图 4-1 所示。

图 4-1

◎ time：输入不包含日期的时间。见下方示例。

代码

```
<input type="time" value="23:33">
```

效果

下午 11:33　在线演示 4-31

2. placeholder——占位字符

当输入框为空时，内部可以显示一些指引内容让用户知道应该如何输入，见下方示例。

代码	昵称 `<input placeholder="王花花">`
效果	**昵称：** 王花花　　在线演示 4-32

提示：placeholder 仅在<input>为空时显示，并不是初始值。<input>中存在的内容会将 placeholder 覆盖，见下方示例。

代码	昵称 `<input placeholder="王花花" value="赵可爽">`
效果	**昵称：** 赵可爽　　在线演示 4-33

3. autofocus——自动聚焦

有时打开一张页面后，我们希望能直接将鼠标光标放到主输入框中，比如在做一个搜索页时，由于页面中最重要的就是搜索框，所以我们可以用 autofocus 让搜索框聚焦（见下方示例），这样用户就可以直接输入内容，免去了先单击搜索框的步骤。

代码	`<input placeholder="关键词" autofocus>`
效果	关键词

4.6 <textarea>——多行文字输入框

之前我们讨论过<input>元素，<input>和<textarea>元素都用于输入文字。只不过前者用于输入单行文字，如用户名、邮箱、密码、订单号等无须断行的文字数据；后者通常用于输入多行文字，如文章、备注、评论等。

1. 举例

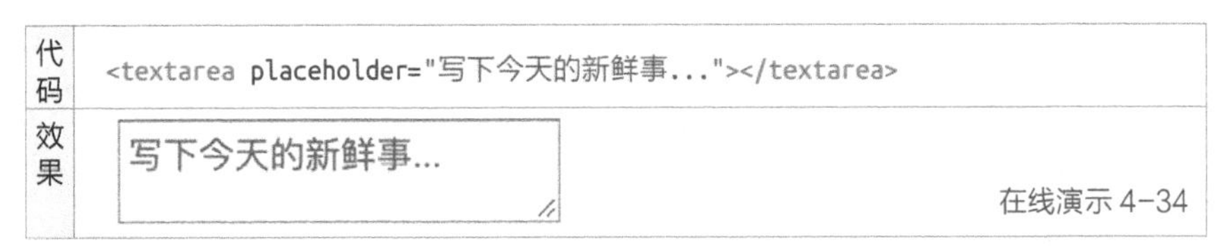

代码	`<textarea placeholder="写下今天的新鲜事..."></textarea>`
效果	写下今天的新鲜事...　　在线演示 4-34

注意，<textarea>元素是有闭合标签的。与<input>使用 value 属性设置默认值不同，<textarea>的默认值是设置在内容区的，见下方示例。

代码

```
<textarea>Yo</textarea>
```

效果

Yo

在线演示 4-35

2. 核心属性

◎ cols：用于指定宽度，单位是单个字符的平均宽度，默认为 20 个字符宽。比如我们希望输入框的宽为 40 个字符，见下方示例。

```
<textarea cols="40"></textarea>
```

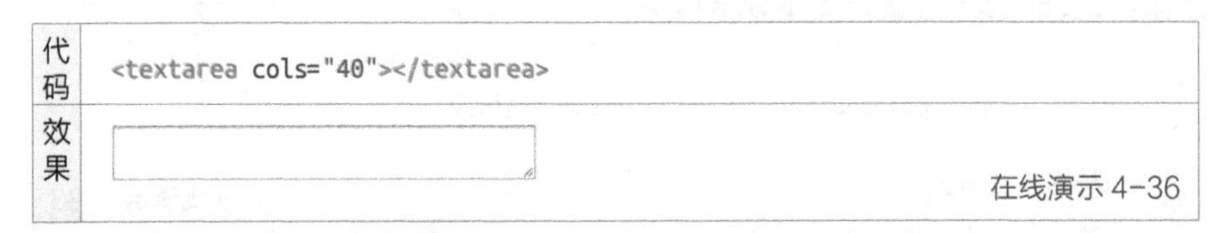

◎ rows：用于指定高度，单位是单个字符的平均高度，默认为 2 个字符高。比如希望输入框的宽为 8 个字符，见下方示例。

```
<textarea rows="8"></textarea>
```

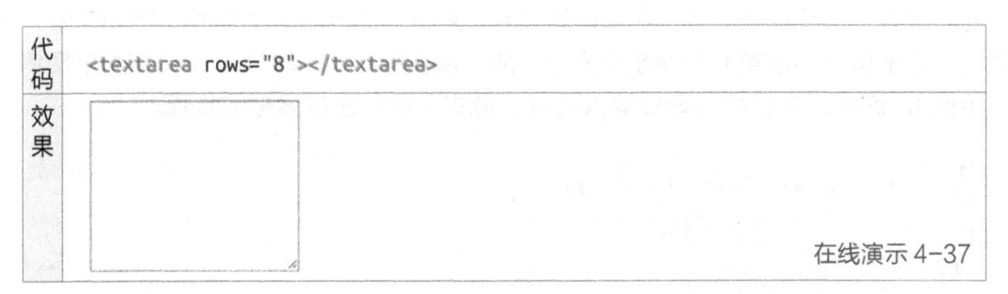

4.7 <select>——下拉菜单

网页中常见的下拉菜单，通常是使用<select>元素实现的，见下方示例。

```
<select>
  <option>王花花</option>
  <option>李拴蛋</option>
  <option>赵可爽</option>
</select>
```

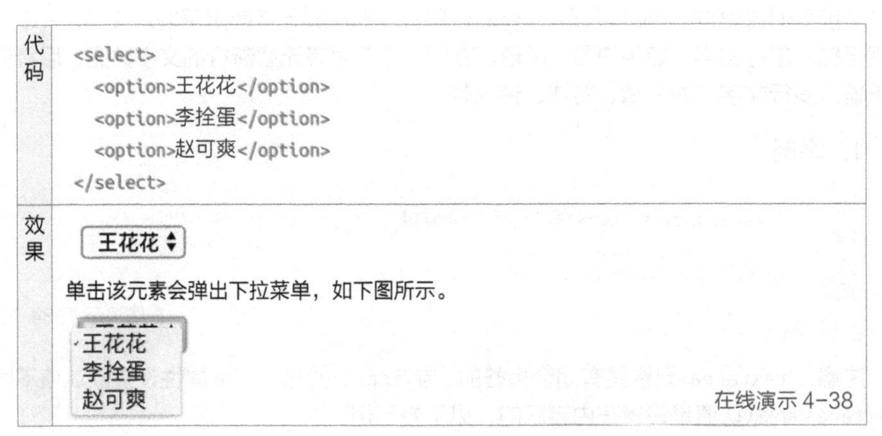

代码
效果
王花花
单击该元素会弹出下拉菜单，如下图所示。
王花花
李拴蛋
赵可爽
在线演示 4-38

你可能注意到<select>元素中有若干个<option>元素，<option>元素用于设置母元素的选项，一个<option>就是一个选项，这样就可以精确地限制用户的选择范围。

1. 默认选择

在以下的示例中，“王花花”是默认选项，因为<select>是以自己的第 1 个<option>为默认选项的。但如果想让“李拴蛋”变成默认选项呢？没问题，给“李拴蛋”所在的<option>添加 selected（选中）属性即可，见下方示例。

代码

```
<select>
  <option>王花花</option>
  <option selected>李拴蛋</option>
  <option>赵可爽</option>
</select>
```

效果：李拴蛋

在线演示 4-39

2. 核心属性

multiple：多选，见下方示例。

代码

```
<select multiple>
  <option>王花花</option>
  <option>李拴蛋</option>
  <option>赵可爽</option>
  <option>刘备备</option>
</select>
```

效果：

王花花
李拴蛋
赵可爽
刘备备

在线演示 4-40

<select>元素默认为单选模式，添加此属性后会变成多选模式。

多选时需要按住 Shift 或 Ctrl 键（在 MacOS 下是 Command 键）。

- ◎ 按住 Ctrl 键可以分别单击，如图 4-2 所示。
- ◎ 按住 Shift 键只需要单击开始和结束就可以选中范围中所有的项目，如图 4-3 所示。

图 4-2　　图 4-3

<select>可用于对确定选项的单选和多选，但是<input type="radio">和<input type="checkbox">也可以用于单选或多选，那为什么要用<select>呢？它们又有什么区

别呢?

<select>一般适用于以下两种情况：

（1）选项较多时。如：地理位置选择（省市县，总量上千）、姓氏选择（百家姓）等。

（2）选项数量不确定时。如：从花名册中选择（成员数量有变化的可能）、从菜谱中选择（菜品有变化的可能）、配色选择等。

4.8 <button>——按钮

<button>元素一般会配合其他元素或 JavaScript 使用，单独存在没有意义，因为<button>本身没有功能。

4.9 <form>——表单

<form>元素用于定义表单，让用户提交一组数据，通常配合其他元素一起使用。

网页中常见的“登录”“注册”等功能通常都是使用表单实现的。比如下方是一张登录表单示例，其中就配合使用了<input>和<button>。

代码

```
<form>
 <input placeholder="用户名"><br>
 <input placeholder="密码" type="password"><br>
 <button type="submit">登录</button>
 <button type="reset">重置</button>
</form>
```

效果

用户名

密码

登录 重置

在线演示 4-41

4.10 <span>——文字级别的容器

它和<div>非常相似，都是容器。只不过<div>倾向于分割区域，<span>倾向于包含流动性内容（如文字）。

你可以将整个网页想象成一个粮食盒子，<div>属于<html>这个最大的盒子里的小盒子，<span>相当于布袋子，文字、图片之类相当于豆子。

<div>的特点是“硬”，默认占母元素的整个宽度；而<span>的特点是“软”，宽度由内容多少决定。

通过指定一点样式我们可以很明显地看出它们的区别，见下方示例。

代码	<!-- 此处的 style 属性用于添加样式，突出它们的特征，我们会在 CSS 篇中详细介绍样式 --> <div style="border: 2px solid black;">Yo</div> <span style="border: 2px solid black;">Yo</span>
效果	Yo Yo 在线演示 4-42

我们发现，虽然两个元素中的内容完全一致，但它们的表现却不同：<div>撑满了母元素（块级元素），而<span>始终以内容的多少动态调整宽度（行内元素）。

正因为有这样的特性，<span>通常用于字里行间，见下方示例。

代码	<span>王花花</span>你好
效果	王花花你好 在线演示 4-43

虽然没有什么直观的视觉效果，但是我们知道，“王花花”这 3 个字在结构上是特殊的，它拥有一个专属的元素。这样我们以后在 CSS 和 JavaScript 中就可以更灵活地处理它了。

<span>和<div>一样，也支持多级嵌套，见下方示例。

代码	<span> <span>王花花</span>你好 </span>
效果	王花花你好 在线演示 4-44

4.11 <strong>——强调

<strong>用于着重强调重要信息，浏览器默认将其渲染为粗体。见下方示例。

代码	你的意思是不给我<strong>花花</strong>面子咯?
效果	**你的意思是不给我花花面子咯?** 在线演示 4-45

<strong>也属于行内元素，这意味着它的宽度也是由内容多少决定的。

提示：<strong>的意义并不在于粗体（虽然确实是加粗了），强调内容的重要性才是它的本质。

4.12 <ol>——有序列表

<ol>（ordered list）用于定义有序列表，见下方示例。

代码

```
<ol>
 <li>我是 A</li>
 <li>我是 B</li>
 <li>我是 C</li>
</ol>
```

效果

1. 我是A
2. 我是B
3. 我是C

在线演示 4-46

此时<li>前出现了数字序号。

有序列表通常用于有明确顺序的列表，见下方示例。

代码

```
<ol>
 <li>买菜</li>
 <li>切菜</li>
 <li>炒菜</li>
</ol>
```

效果

1. 买菜
2. 切菜
3. 炒菜

在线演示 4-47

<ol>的核心属性有两个。

◎ type：用于指定序号类型。它可以指定为以下几种类型。
- 1：数字（默认值）。
- a：小写字母。
- A：小写字母。
- i：小写罗马数字。
- I：大写罗马数字。

具体见下方示例。

代码

```
<ol type="1">
 <li>第一项</li>
 <li>第二项</li>
</ol>

<ol type="a">
 <li>第一项</li>
```

```
 <li>第二项</li>
</ol>

<ol type="A">
 <li>第一项</li>
 <li>第二项</li>
</ol>

<ol type="i">
 <li>第一项</li>
 <li>第二项</li>
</ol>

<ol type="I">
 <li>第一项</li>
 <li>第二项</li>
</ol>
```

效果

1. 第一项
2. 第二项

a. 第一项
b. 第二项

A. 第一项
B. 第二项

i. 第一项
ii. 第二项

I. 第一项
II. 第二项

在线演示 4-48

◎　Start：用于指定序号起点，见下方示例。

代码

```
<ol start="2"> <!-- 从 2 开始 -->
  <li>第一项</li>
  <li>第二项</li>
</ol>

<ol type="a" start="2"> <!-- 从 b 开始 -->
  <li>第一项</li>
  <li>第二项</li>
</ol>
```

效果	2. 第一项 3. 第二项 b. 第一项 c. 第二项 在线演示 4-49

4.13 <ul>——无序列表

`<ul>`（`unordered list`）用于定义无序列表。见下方示例。

代码	`<ul>`
	`  <li>我是 A</li>`
	`  <li>我是 B</li>`
	`  <li>我是 C</li>`
	`</ul>`

效果	• 我是A • 我是B • 我是C 在线演示 4-50

此时`<li>`前出现了小黑点，这是一种无序列表，各项的前后顺序可以调换。

无序列表通常用于无明确顺序的列表，见下方示例。

代码	`<ul>`
	`  <li>茄子</li>`
	`  <li>西红柿</li>`
	`  <li>白菜</li>`
	`</ul>`

效果	• 茄子 • 西红柿 • 白菜 在线演示 4-51

4.14 表格类元素

表格在功能上是简洁明了的，但在实现上却比其他元素更麻烦。因为其背后的数据是二维的，如果要很清晰地划分数据的结构和层次，则需要我们明确指定每一部分。所以，表格类元素是一套元素，把每个元素单独摘出来使用通常是没有意义的。

表格通常用于显示二维数据。比如我们有一组这样的数据：

```
姓名  王花花
年龄  18

姓名  李拴蛋
```

```
年龄 19

姓名 赵可爽
年龄 20
```

使用<table>元素可以清楚又高效地显示数据，见下方示例。

代码

```
<table border="1"> <!-- border 属性已弃用，此处仅做演示-->
  <caption>表站花名册</caption>
  <thead>
    <th>姓名</th>
    <th>年龄</th>
  </thead>
  <tbody>
    <tr>
     <td>王花花</td>
     <td>18</td>
    </tr>
    <tr>
     <td>李拴蛋</td>
     <td>19</td>
    </tr>
    <tr>
     <td>赵可爽</td>
     <td>20</td>
    </tr>
  </tbody>
</table>
```

效果

表站花名册

姓名	年龄
王花花	18
李拴蛋	19
赵可爽	20

在线演示 4-52

1. <table>——表格

<table>用于定义一张表格。表格内容都应该包含在<table>中：

```
<table>
  内容...
</table>
```

2. <thead>——表头（table head）

<thead>用于定义表头。

3. <th>——**表头项（表头单元格，table head cell）**

<th>用于定义表头内有多少单元格，即当前表格一共有多少列（字段），见下方代码：

```
<table>
  <thead>
    <th>姓名</th> <!-- 姓名列 -->
    <th>年龄</th> <!-- 年龄列 -->
  </thead>
  ...
</table>
```

4. <tbody>——**表体（表格主体，table body）**

表体是真正存放数据的地方：

```
<table>
  <thead>
    ...
  </thead>
  <tbody>
    数据
  </tbody>
</table>
```

5. <tr>——**行**（table row），<td>——**单元格**（table data）

定义表格行，每一行都是一个<tr>。

定义表格单元格，每个单元格都是一个<td>。

```
<table>
  <thead>
    <th>姓名</th>
    <th>年龄</th>
  </thead>
  <tbody>
    <tr> <!-- 行 -->
      <td>王花花</td> <!-- 单元格 -->
      <td>18</td>
    </tr>
    <tr>
      <td>李拴蛋</td>
      <td>19</td>
    </tr>
  </tbody>
</table>
```

6. <caption>——表格标题

它用于定义表格标题，以概括整张表格。见下方示例。

```
<table>
  <caption>表教室花名单</caption> <!-- 表格标题 -->
  <thead>
    ...
  </thead>
  <tbody>
    ...
  </tbody>
</table>
```

4.15 <iframe>——网页里嵌套的网页

有时我们需要在网页中引用其他网页，例如我们时常看到一些视频网站会引用其他网站的视频播放器，使用的通常就是`<iframe>`元素。

`<iframe>`元素可以保证引用的网页在结构上和样式上与直接访问没有区别，最大程度地保证引用的网页与原始网页的一致性。

1. 实例

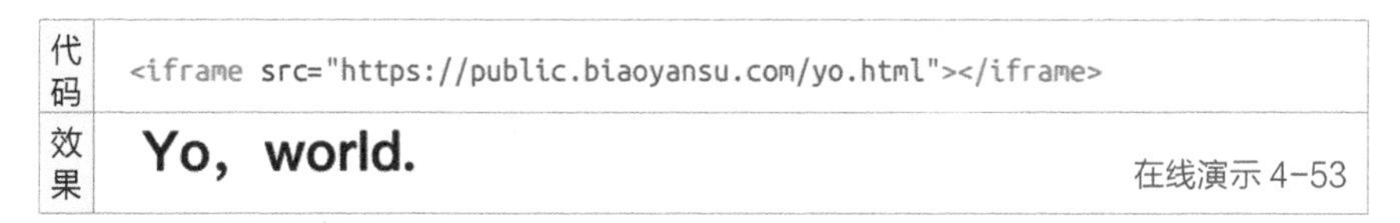

代码	`<iframe src="https://public.biaoyansu.com/yo.html"></iframe>`
效果	**Yo，world.**　在线演示 4-53

2. 核心属性

◎ `src`：引用网页的地址。
◎ `allowfullscreen`：是否允许网页全屏。
◎ `height`：`<iframe>`的高度。
◎ `width`：`<iframe>`的宽度。

4.16 本章小结

随着 Web 的发展，功能类元素越来越多，其功能也越来越丰富。但常用的元素和属性并不多。初学阶段切忌求多求全。

在元素的使用频率上依然满足二八定律：对于常用的元素一定要烂熟于心，这样才不会影响工作效率；对于不常用的元素，可以在实战中慢慢吸收，这样才不会影响学习节奏。

CSS 篇

第 5 章

CSS 基础

“颜值”在很大程度上决定了用户有没有兴趣继续在页面停留下去。层叠样式表（Cascading Style Sheets，CSS）就是网页的化妆盒，有了这个工具你就能画出你定义的美。

5.1 为什么不直接在 HTML 代码中写样式

既然已经有 HTML 了，为啥不直接在 HTML 代码中写样式呢?

其实并不是不可以，老一辈程序员就是这么干的。我们试试看，比如我们想更改以下 4 个元素的字体颜色，那么就必须使用 color 属性配合<font>元素来实现：

代码

```
<font color="gray">我是阿灰</font> <!-- gray: 灰色 -->
<font color="black">我是阿黑</font> <!-- black: 黑色 -->
<font color="black">我是阿黑</font>
<font color="black">我是阿黑</font>
```

效果

我是阿灰 **我是阿黑 我是阿黑 我是阿黑**

在线演示 5-1

好，到目前为止并没有感觉这种方法有什么不妥。我们继续添加样式，让所有的阿黑字体更大点：

代码

```
<font color="gray">我是阿灰</font>
<font color="black" size="5">我是阿黑</font> <!-- size: 大小、尺寸 -->
<font color="black" size="5">我是阿黑</font>
<font color="black" size="5">我是阿黑</font>
```

效果

我是阿灰 **我是阿黑 我是阿黑 我是阿黑**

在线演示 5-2

很好，字体变大了。但是过了一阵子，你觉得字体的颜色要改改，那么这时就只能一个标签一个标签地改：

代码

```
<font color="gray">我是阿灰</font>
```

	`<font color="tomato" size="5">我是番茄</font>` `<font color="tomato" size="5">我是番茄</font>` `<font color="tomato" size="5">我是番茄</font>`
效果	我是阿灰 我是番茄 我是番茄 我是番茄　　在线演示 5-3

三五个还好说，如果有几十个上百个怎么办？简直是噩梦！累就不说了，还容易出错。而且如果你想不断改善网页，那就只能忍受一场接一场的噩梦了……

提示：<font>元素已经被弃用，此处仅做演示，不推荐使用。

重复性的工作还是交给机器比较好。能不能把相似的东西定义成一套样式呢？就拿上面的示例来说（由于<font>元素已弃用，我们用<button>元素来举例）：

```
<button>按钮 1</button>
<button>按钮 2</button>
<button>按钮 3</button>
<button>按钮 4</button>
```

这 4 个按钮属于一类东西，为什么不能把它们统一选中呢？那我们先“叫”一下它们的名字——button，然后给它们统一指定独有的样式，比如字体颜色要番茄色：

```
button {
  color: tomato; /* 字体颜色：番茄色 */
}
```

这样无论页面上有多少按钮也能全部变成番茄色。

如果想要字体大一点：

```
button {
  color: tomato;
  font-size: 200%; /* 字体大小：200% */
}
```

这样所有的按钮颜色变成了番茄色，字体也变为原来的两倍，然而我们根本就没动 HTML 的结构，岂不美哉？

CSS 就应运而生了：

代码

```
<style>
  button {
    color: tomato;
    font-size: 200%;
  }
</style>
```

	<button>按钮 1</button> <button>按钮 2</button> <button>按钮 3</button> <button>按钮 4</button>
效果	按钮1 按钮2 按钮3 按钮4 在线演示 5-4

从本章起我们开始细说 CSS。

5.2 了解 CSS 的语法

一条 CSS 规则是由两部分组成的：选择器与样式规则，如图 5-1 所示。

图 5-1

1. 选择器

选择器用于指定“给谁作用样式”，样式规则用于指定“作用什么样式”，这两者缺一不可。

- ◎ 如果选择器有误，则会将样式作用到错误的元素上（甚至找不到对应元素），简而言之就是“误伤了”。
- ◎ 如果样式规则有误，则不会得到想要的效果。尽管选择的范围没有问题，样式错了依然是没有意义的。

图 5-1 中的选择器为 button，选中了页面中所有的<button>元素。如果将其替换为 a，则会选中页面中所有的<a>元素。这类选择器我们称之为**元素选择器**。

> **提示：** 选择器的类型不止示例中的一种，其组合方式也非常灵活，将它们结合起来就几乎能选中任何想选中的元素。在后面的章节中我们会细说它们的用法和特点。

2. 样式规则

样式规则可以定义不止一条，规则的多少取决于你想多大程度地限制元素的样式。如之前的示例，如果没有 color 属性，那么<button>的字体颜色是不会改变的。同样，如果没有 font-size 属性，那么<button>的字体大小将会维持默认大小，而不是增大两倍。

每一条样式规则是由属性和值构成的，如图 5-2 所示。

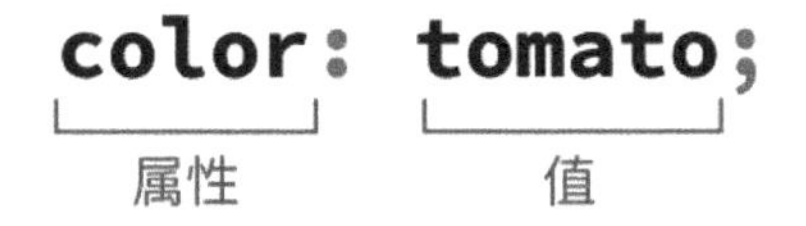

图 5-2

在之前的示例中我们给`<button>`定义了两条样式规则：

```
button {
  color: tomato; /* 规则 1 */
  font-size: 200%; /* 规则 2 */
}
```

> **提示**：我们将每条规则用分号（;）隔开，分号是不能省略的。曾看到无数初学者为了一条样式抓破脑袋，痛苦地找了一整天 Bug 才发现是一个分号引发的灾难。欲哭无泪！

每一条样式规则由属性（键）和值构成，中间用冒号隔开（:）。下面举一个简单的例子：

```
姓名: 王花花;
年龄: 20;
性别: 男;
```

上面的例子就是 3 组属性和值（键值对），属性分别是姓名、年龄、性别，值分别是王花花、20、男。

同样的一组样式规则也是这样的结构：

```
button {
  color: tomato; /* 颜色: 番茄色; */
  font-size: 200%; /* 字体: 2 倍; */
  opacity: 0.5; /* 不透明度: 0.5; */
  /* ... */
}
```

CSS 对空白字符（空格、制表符、断行）的处理和 HTML 一样，多个空格只会算作一个空格，例如下方示例：

```
/* 1 */
button {
  color: tomato;
}

/* 2 */
```

```
button {

  color:      tomato;
}

/* 1和2 得到的结果是完全一样的 */
```

3. 注释

你可能注意到上面的代码中有奇怪的东西，比如/* … */，这是 CSS 中的注释，如图 5-3 所示。和 HTML 一样，在 CSS 注释内无论有多少内容都会被浏览器忽略。

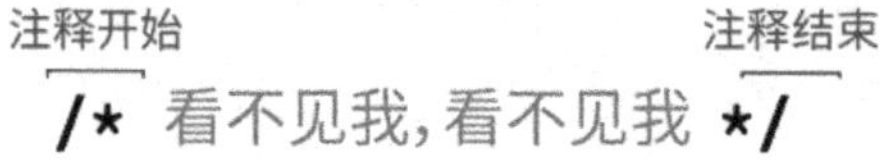

注释开始　　　　　　　　注释结束

/* 看不见我,看不见我 */

图 5-3

注释有两个主要作用：（1）为代码添加备注信息。（2）隐藏暂时不用但又不想马上删掉的代码。

也可以多行注释：

```
/*
  看不见我
  看不见我
*/
```

在之前的章节中你可能看到过这样的代码示例：

```
<style>
  button {
    color: tomato;
  }
</style>

<button>我是按钮</button>
```

<style>是什么东西？这是一种引入 CSS 的方式，写在<style>标签中的 CSS 规则将会作用于当前页面。但其实引入 CSS 的方法并不止这一种，下面逐一介绍引入 CSS 的方式。

5.3 引入 CSS

5.3.1 用<style>元素引入 CSS

在之前的示例中我们这样引入 CSS：

```
<style>
  button {
    color: tomato;
    background: black; /* 背景色：黑色；*/
  }
</style>

<button>我是按钮</button>
```

虽说这么做确实可以工作，但是并不规范。

由于 CSS 并不是直接给用户看的（因为其代码本身是不可见的），所以我们通常把`<style>`样式写在`<head>`标签内，同时给`<style>`添加 `type="text/css"`属性（`<style type="text/css">`）。这样可以明确告诉浏览器标签内是 CSS 格式的文本（后面的示例中将省略`<style type="text/css">`）。这样我们就可以将页面样式写在<style>标签内，保存后刷新浏览器就可以看到类似的效果：

代码

```
<head>
  <style type="text/css">
    button {
      color: tomato;
      background: black;
    }
  </style>
</head>

<body>
  <button>我是按钮</button>
</body>
```

效果

我是按钮

在线演示 5-5

当然可以有不止一组样式规则：

代码

```
<head>
  <style>
    /* 选中所有按钮 */
    button {
      color: tomato;
      background: black;
    }

    /* 选中所有段落 */
    p {
      color: gray; /* 字体颜色：灰色；*/
```

```
      font-size: 200%; /* 字体大小：两倍；*/
    }
  </style>
</head>

<body>
  <button>我是按钮</button>
  <p>我是段落</p>
  <p>我也是段落</p>
</body>
```

效果

我是按钮

我是段落

我也是段落

在线演示 5-6

随着网页越来越复杂，其对应的样式也越来越多（少则几百行，多则几千行）。我们会发现，将代码直接写在 HTML 文件中是非常不便于管理的。因为 HTML 文件可能有不止一个。能不能将CSS写在独立的文件中，只需要在每个HTML文件中引入一下就好呢?这就出现了 5.3.2 节这种引入方式。

5.3.2 用<link>元素引入 CSS

首先新建一个项目目录（即文件夹）yo-css，用于保存项目文件，目录结构如下：

```
yo-css/ （目录）
```

然后在 yo-css 目录中创建 index.html 文件，目录结构如下：

```
yo-css/ （目录）
└─ index.html  （文本文件）
```

最后在 yo-css 目录中创建 style.css 文件，目录结构如下：

```
yo-css/ （目录）
├─ index.html  （文本文件）
└─ style.css  （文本文件）
```

现在我们的项目目录下有两个空文件，分别是 index.html 文件和 style.css 文件。

1. 搭建骨架

我们需要把网页的骨架建搭起来，index.html 空着可不行，我们写一点东西进去。然后保存文件，将 index.html 在浏览器中打开（直接拖入浏览器窗口即可），你会看到结果。

代码

```
<!-- index.html -->
<!doctype html> <!-- 告诉浏览器，我们写的是 HTML5 代码 -->
<html> <!-- 一切从此开始 -->

  <head> <!-- 写给机器的内容开始 -->
  </head> <!-- 写给机器的内容结束 -->

  <body> <!-- 写给人类的内容开始 -->
   <button>我是按钮</button>
  </body> <!-- 写给人类的内容结束 -->

</html> <!-- 一切到此结束 -->
```

效果

我是按钮

在线演示 5-7

2. 给骨架裹上皮肤

搭建完骨架后，我们给骨架裹上皮肤。

打开 style.css，以更改按钮的颜色为例，然后保存，再刷新页面。

代码

```
/*style.css*/

button {
  background: black; /* 背景色：黑色; */
  color: white; /* 文字颜色：白色; */
}
```

效果

我是按钮

在线演示 5-8

咦，不是定义了 CSS 吗，怎么没有变化?

这是因为 index.html 并不会自作主张地加载任何一个 CSS 文件。事实上，index.html 根本就不知道它身边就有一个 CSS 文件，它也不想知道。

我们要明确地说明它应该加载哪些样式文件，这时<link>元素就派上用场了，我们在<head>中插入一个<link>元素：

代码

```
index.html
<!doctype html>
<html>

  <head>
    <link rel="stylesheet" type="text/css" href="./style.css">
```

```
    </head>

    <body>
      <button>我是按钮</button>
    </body>

</html>
```

效果	刷新页面会看到类似的结果。 我是按钮 在线演示 5-9

我们发现，引入 CSS 文件的关键在<link>元素：

```
<link rel="stylesheet" type="text/css" href="./style.css">
```

<link>元素有 3 个重要的属性：rel、type 和 href。

◎ rel="stylesheet"说明了此资源（即 style.css）与页面的关系是样式表。

◎ type="text/css"说明了此资源的文件格式（MIME 类型）是 text/css。

◎ href="./style.css"说明了此资源位于当前目录（./ 表示当前文件所在目录，可省略）下的 style.css。

没有这些属性，浏览器就不知道如何找到并处理你引入的外部资源。

> **提示：**<link>有一个很有意思的属性——media 属性。这个属性可以根据用户使用的设备或窗口宽度来决定作用哪一套样式。这也是“响应式布局”的一部分，我们会在第 17 章讨论其使用方法。

5.3.3 用@import 指令引入 CSS

之前的两种方式都是在 HTML 中引入 CSS，而@import 指令可以直接在 CSS 中引入外部的 CSS 文件：

```
@import url(./styles.css);

body { font-size: 14px; }
```

上面这种方式相当于：

```
/* style.css 开始 */
button {
  color: tomato;
  background: black;
}

p {
```

```
  color: gray;
  font-size: 200%;
}
/* style.css 结束 */

body { font-size: 14px; }
```

也可以用多个@import引入多个 CSS 文件：

```
@import url(./styles.css);
@import url(./styles-2.css);
@import url(./styles-3.css);

body { font-size: 14px; }
```

5.3.4　用 style 属性嵌入行内样式

CSS 样式也可以直接写在元素上：

```
<button style="background: black; color: white;">
  我是按钮
</button>
```

这种方式通常用于页面中特殊的元素。这些元素只会出现一次，所以就没有必要将其写入样式文件中。

style 属性应作用在页面中的可见元素上，如果在<head style="...">中就没有任何意义，因为<head>不是可见元素。

由于这种方式很不灵活（无法对样式批量统一管理且权重很高），所以通常我们不会使用此特性来指定元素样式。

关于样式规则的优先级我们会在第 7 章细说。

5.4　本章小结

CSS 与 HTML 无论是语法还是功能上都是截然不同的。HTML 限定了内容结构，CSS 基于前者的结构批量处理样式。在两者之前切换工作时，思路也要切换过来。

◎ 在定义结构时，更多是在找内容里的不同，这样就能高效地把“一堆”信息分块、分层。

◎ 在定义样式时，更多是在找形式的共性，这样就能用简洁的规则定义出复杂的页面效果。

第 6 章 选择器——确定样式的作用范围

CSS 的一大功能就是批量处理样式。在批量处理样式时需要先说明给谁指定样式。本章将由简入繁详细讨论 CSS 选择器的使用方式。

6.1 选择器的类型

6.1.1 元素选择器——div

元素选择器通过元素名来选择作用范围，例如要选中所有的<a>元素则使用 a；要选中所有的<div>元素则使用 div。

比如下面有 3 个<p>元素。

<table>
<tr><td>代码</td><td><p>我是第一段</p>
<p>我是第二段</p>
<p>我是第三段</p></td></tr>
<tr><td>效果</td><td>我是第一段
我是第二段
我是第三段
在线演示 6-1</td></tr>
</table>

如果想更改它们的字体大小，则可以这样操作：

（1）通过元素的名称 p 选中所有的<p>元素：

```
p {}
```

（2）为其指定样式规则：

```
p { font-size: 200%; /* 将字体放大 1 倍*/ }

<p>我是第一段</p>
<p>我是第二段</p>
<p>我是第三段</p>
```

（3）最终得到：

代码

```
<style>
  p { font-size: 200%; /* 将字体放大 1 倍*/ }
</style>

<p>我是第一段</p>
<p>我是第二段</p>
<p>我是第三段</p>
```

效果

我是第一段

我是第二段

我是第三段

在线演示 6-2

6.1.2　类选择器——.class

元素选择器可以很方便地选中页面所有的对应元素，但其选择范围太大，所以很容易误伤到无关的元素。比如，页面中有 4 个段落，我们希望前两段是虚线边框，后两段是实线边框，使用元素选择器就做不到了：

代码

```
<style>
  p { border: 2px solid black; /* 边框：2px 宽 实线 黑色 */ }
</style>

<p>我是第一段</p>
<p>我是第二段</p>
<p>我是第三段</p>
<p>我是第四段</p>
```

效果

我是第一段

我是第二段

我是第三段

我是第四段

在线演示 6-3

这时所有段落都变成了实线边框，这不是我们想要的效果。这时可以给 4 个段落分别加上一个特殊的属性——class（即类属性），前两段的值为 solid（实线），后两段的类名为 dashed（虚线）：

```
<p class "solid">我是第一段</p>
<p class "solid">我是第二段</p>
<p class "dashed">我是第三段</p>
<p class "dashed">我是第四段</p> <!-- ... -->
```

此时 4 个段落的样式不会发生任何变化，因为我们并没有定义这两个类的样式。但是现在这 4 段有“组织”了。前两段站队 solid，后两段站队 dashed，这些“组织”就是**类**。此时我们只需要给每个类定义样式即可——我们需要用类选择器选中它们，并定义它们的样式。

类选择器的语法如下：

```
.name {  /* 点 + 类名 */
  /* 样式规则 */
}
```

应用在示例中：

代码

```
<style>
  .solid { /* 所有拥有 solid 类名的元素 */
    border: 2px solid black; /* 边框：2px 宽 实线 黑色  */
  }

  .dashed { /* 所有拥有 dashed 类名的元素 */
    border: 2px dashed black; /* 边框：2px 宽 虚线 黑色 */
  }
</style>

<p class="solid">我是第一段</p>
<p class="solid">我是第二段</p>
<p class="dashed">我是第三段</p>
<p class="dashed">我是第四段</p>
```

效果

我是第一段

我是第二段

我是第三段

我是第四段

在线演示 6-4

这样选择的灵活性就大大增加了。因为类名是可以自定义的，所以无论是页面中的任何一个元素，还是你心中的任何一种样式，都可以用“归类”的思维来实现。

不仅如此，我们还可以结合元素选择器来指定样式，比如在不同边框样式的前提下，如果想让所有的段落拥有灰色背景，则可以同时使用元素选择器 p 来定义：

代码

```
<style>
  p { /* 选中所有的<p> */
    background: lightgray; /* 背景色：亮灰色；*/
  }
```

```
  .solid { border: 2px solid black; }
  .dashed { border: 2px dashed black; }
</style>

<p class="solid">我是第一段</p>
<p class="solid">我是第二段</p>
<p class="dashed">我是第三段</p>
<p class="dashed">我是第四段</p>
```

效果

我是第一段

我是第二段

我是第三段

我是第四段

在线演示 6-5

这就是层叠样式表中层叠的意义，也正是其强大之处。这种能力使我们可以用不同的选择器和选择方法从不同角度描述任何一个元素。

另外，一个元素可以拥有多个类。这样我们就可以定义一些预制样式，哪个元素要用就往哪个元素上添加。

比如，我们希望有一套样式可以将文字变为粗体，则如下操作。

代码

先定义一个.bold 类：

```
.bold {  /* 粗(体)的 */
  font-weight: bold; /* 字重：粗; */
}
```

然后将类名添加在目标元素上：

```
<p class="dashed bold">我是第四段</p> <!-- 只有这一段为粗体 --> <!-- ... -->
```

效果

我是第一段

我是第二段

我是第三段

我是第四段

在线演示 6-6

这样我们就能灵活地控制页面中任何元素的样式。

关于本节你需要知道：

◎ HTML 中 class 属性的顺序不重要。这意味着 class="a b"和 class="b a"是一回事。

◎ 在不同的浏览器模式下，类名的大小写敏感也是不同的。这意味着，`.a` 不一定会选中 `class="A"`，所以最严谨的做法是——保证类选择器和类名的大小写是完全一致的。即，使用 `.a` 选择 `class="a"` 的元素；使用 `.Ha` 选择 `class="Ha"` 的元素。

6.1.3 ID 选择器——#id

有时我们需要在页面中精准选择一个元素，而无论是元素选择器还是类选择器，都是为批量选择而设计的，显然并不适合精准选择，这时 ID 选择器就应运而生了。

ID 是 Identifier 的缩写，即唯一身份的意思。我们可以给页面中一些特殊的元素添加 `id` 属性，说明它们的唯一性。比如，一般大部分网页的左上角都有一个主站标或品牌标志，而如果主站标只会出现一次则可以使用 ID 选择器。

ID 选择器的语法如下：

```
#id {  /* 井号 + ID */
  /* 样式规则 */
}
```

以一个简单的导航栏为例：

代码

```
<nav>
  <img src="https://public.biaoyansu.com/logo-sm.png">
  <a href="https://biaoyansu.com/6">HTML</a>
  <a href="https://biaoyansu.com/9">CSS</a>
  <a href="https://biaoyansu.com/12">JS</a>
</nav>
```

效果

HTML CSS JS

在线演示 6-7

显然图片太大了。此时可以用 ID 选择器选中图片，并限制其宽度：

代码

```
<style>
  #logo { width: 30px; /* 宽度: 30px */ }
</style>

<nav>
  <img id="logo" src="https://public.biaoyansu.com/logo-sm.png">
  <a href="https://biaoyansu.com/6">HTML</a>
  <a href="https://biaoyansu.com/9">CSS</a>
  <a href="https://biaoyansu.com/12">JS</a>
</nav>
```

效果

HTML CSS JS

在线演示 6-8

这样就精确地限定 Logo 的大小了，且其他元素不受任何影响。

也可以结合其他选择器添加更丰富的样式：

代码

```
<style>
  nav { background: lightgray; padding: 10px; }
  a { color: black; }
  #logo { width: 30px; }
</style>

<nav>
  <img id="logo" src="https://public.biaoyansu.com/logo-sm.png">
  <a href="https://biaoyansu.com/6">HTML</a>
  <a href="https://biaoyansu.com/9">CSS</a>
  <a href="https://biaoyansu.com/12">JS</a>
</nav>
```

效果

HTML CSS JS

在线演示 6-9

提示：

用类选择器还是 ID 选择器？

关于使用类选择器还是 ID 选择器，首先你要知道它们的特点：

- 类选择器用于选择一类元素，这意味着类选择器可能会选中一个或多个元素。
- ID 选择器用于精确选择一个元素，这也决定了在同一页面中不允许出现相同的 ID。（否则 ID 还有什么意义呢？）

你可以将每个元素想象成“人”，类就是“人”的特点，如性别、肤色等，多个“人”可以拥有相同的特点。而 ID 就是人的“身份证”，如果发了就必须保证“身份证号”是不同的。

关于 ID 选择器，你需要知道以下几点：

◎ ID 选择器用于精确选择。一个 HTML 页面不允许出现相同的 ID。

◎ 一个元素只能拥有一个 ID。比如 `id="a"`是没问题的，而 `id="a b"`是不允许的。

◎ ID 选择器的权重比元素选择器和类选择器高得多。这意味着：如果这几种选择器下的样式出现冲突，则浏览器将作用 ID 选择器下的样式。关于选择器权重，我们会在第 7 章中详细讨论。

◎ 在不同的浏览器模式下，ID 的大小写敏感也是不同的。这意味着：`#a` 不一定会选中 `id="A"`。所以最严谨的做法是——保证 ID 选择器和 `id` 属性的大小写是完全一致的。即用`#a` 选择 `id="a"`的元素；用`#Ha` 选择 `id="Ha"`的元素。

6.1.4 属性选择器——[prop=value]

有了前 3 种选择器，其实基本上可以解决绝大部分问题，剩下的小部分问题可以迂回解决，但是 Web 不会止步于此。从 CSS 2 开始支持属性选择器，我们可以通过元素属性和对应的值来选择元素。

属性选择器的语法为：[属性名称="属性值"]

比如下面这下段代码：

```
[href] {  /* 选中所有拥有 href 属性的元素 */
  /* 样式规则 */
}

[href="https://biaoyansu.com"] {  /* 选中所有 href 属性等于"https://biaoyansu.com"的元素 */
  /* 样式规则 */
}
```

举例，页面中有各种各样的标签，见下面的代码：

代码

```
<h1>我是个标题</h1>
<a href="https://www.taobao.com">淘宝网</a>
<a href="https://wikipedia.org">百科大全</a>
<a href="https://biaoyansu.com">表严肃</a>
```

如果我们只想选中带有 href 属性的元素，同时希望将页面中所有指向 https://biaoyansu.com 的链接以高亮显示，则使用属性选择器就非常方便：

```
[href] {
  border: 2px dashed #000; /* 为所有包含 href 属性的元素添加边框 */
}

[href="https://biaoyansu.com"] {
  background: pink; /* 仅高亮 href 属性等于 https://biaoyansu.com 的元素 */
} /* ... */
```

效果

我是个标题

淘宝网 百科大全 表严肃

在线演示 6-10

属性选择器的功能还不止如此，除判断属性是否存在或属性值是否等于某个值外，属性选择器*=还可以判断属性值是否包含某些字符：

代码

```
[href*="wiki"] {
  border: 2px dashed #000; /* 给所有拥有 href 属性且属性值包含 wiki 的元素添加边框 */
} /* ... */
```

效果

淘宝网 百科大全 表严肃　　在线演示 6-11

^=可以选中所有属性值以某段字符开始的元素：

代码

```
[href^="https://www."] {
  border: 2px dashed #000; /* 给所有拥有 href 属性且属性值以“https://www.”开头的元素添加边框 */
} /* ... */
```

效果

淘宝网 百科大全 表严肃　　在线演示 6-12

$=可以选中所有属性值以某段字符结束的元素：

代码

```
[href$=".org"] {
  border: 2px dashed #000; /* 给所有拥有 href 属性且属性值以".org"结束的元素添加边框 */
} /* ... */
```

效果

淘宝网 百科大全 表严肃　　在线演示 6-13

~=与*=类似，但它只在意被空格分割的属性值。例如 class="border dash"可以被[class~="border"]选中，也可以被[class~="dash"]选中：

代码

```
<style>
  [class~="dash"] {
    border: 2px dashed #000;
  }
</style>

<a href="https://www.taobao.com">淘宝网</a>
<a href="https://wikipedia.org" class="dash-border">百科大全</a>
<a href="https://biaoyansu.com" class="border dash">表严肃</a>
```

效果

淘宝网 百科大全 表严肃　　在线演示 6-14

|=和*=类似，但它只在意被-分割的属性值，且只选中第一项。例如属性 class="dash-border"可以被[class|="dash"]选中，但却不会被[class|="border"]选中，因为|=只判断连字符的左边，而且匹配的必须是整个词：

代码

```
<style>
  [class|="border"] {
    border: 2px dashed #000;
  }
</style>

<a href="https://www.taobao.com">淘宝网</a>
<a href="https://wikipedia.org" class="dash-border">百科大全</a>
<a href="https://biaoyansu.com" class="border-dash">表严肃</a>
```

效果

淘宝网 百科大全 表严肃

在线演示 6-15

6.1.5 全局选择器

全局选择器会选中所有的元素。其语法为*。

比如，下面这段 CSS 会为页面中的所有元素添加边框：

代码

```
* {
  border: 2px solid #000;
}
```

效果

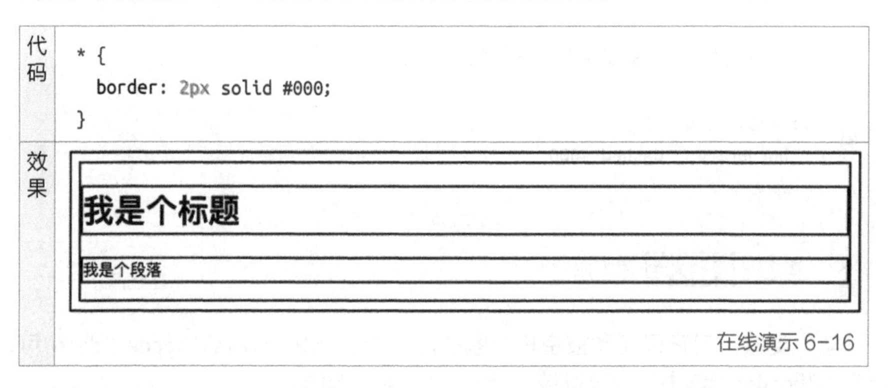

在线演示 6-16

你会发现，除<h1>和<p>外，<html>和<body>也被选中了。其实只要是可见元素，都会被全局选择器选中。

全局选择器也可以跟其他选择器组合使用：

代码

```
body * { /* 选中 body 下所有的后代元素 */
  border: 2px solid #000;
}
```

效果

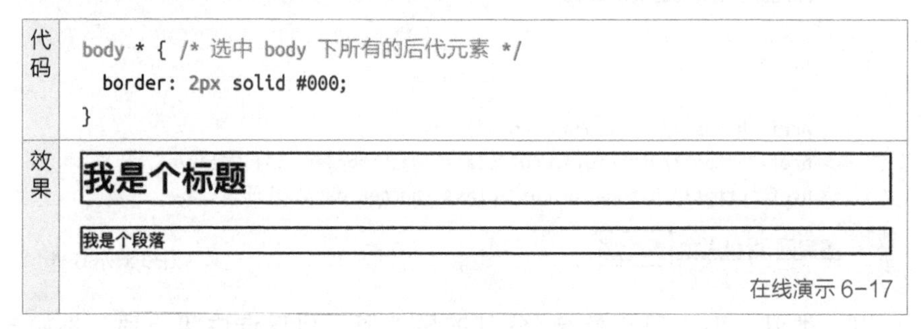

在线演示 6-17

选择器的组合使用我们会在接下来内容中详细讨论。

6.2 选择器的组合使用

6.2.1 分组选择——多个选择，一套样式

比如，页面中有两个元素<p>和<a>：

```
<p>我是段落</p>
<a href="#">我是链接</a>
```

想同时为它们指定一套样式，比如 color: gray;，那最直接的做法就是分别将它们的样式指定一遍：

```
a { color: gray; }

p { color: gray; }
```

此时有经验的开发者马上就会感到味道不对，因为<p>、<a>的样式完全一致，虽然目前只有一条样式，但是谁都不能保证将来样式不会增加，如果每条的样式增加为 20 条，那我们也要再重复 20 遍吗?

为了防止这样的事情（复制代码），CSS 引入了分组选择语法——将 a 和 p 用逗号连接起来就可以统一选中<a>元素和<p>元素：

```
a, p { color: gray; }
```

这样如果我们想给其他元素作用相同的样式，则只需要在选择器后面追加逗号即可：

```
a, p, div { color: gray; }}
```

提示：

选择器的开头和结尾不能出现逗号，例如下方代码。

```
/* 错误，开头出现了逗号 */
, a, p { color: gray; }

/* 错误，结尾出现了逗号 */
a, p, { color: gray; }
```

6.2.2 多条件选择——多个选择，同一个元素

我们知道，一个元素可以拥有多个类名，比如一个元素有两个类 highlight 和 bordered：

```
<p class="highlight bordered">我是第一段</p>
```

此时用任何一个类名都可以选中<p>元素。但随着情况的变化，页面中有了更多的元素：

```
<p class="highlight bordered">我是第一段</p>
<p class="highlight">我是第二段</p>
<p class="bordered">我是第三段</p>
```

此时如果只想选中同时有 highlight 类和 bordered 类的元素该怎么办？使用多条件选择：

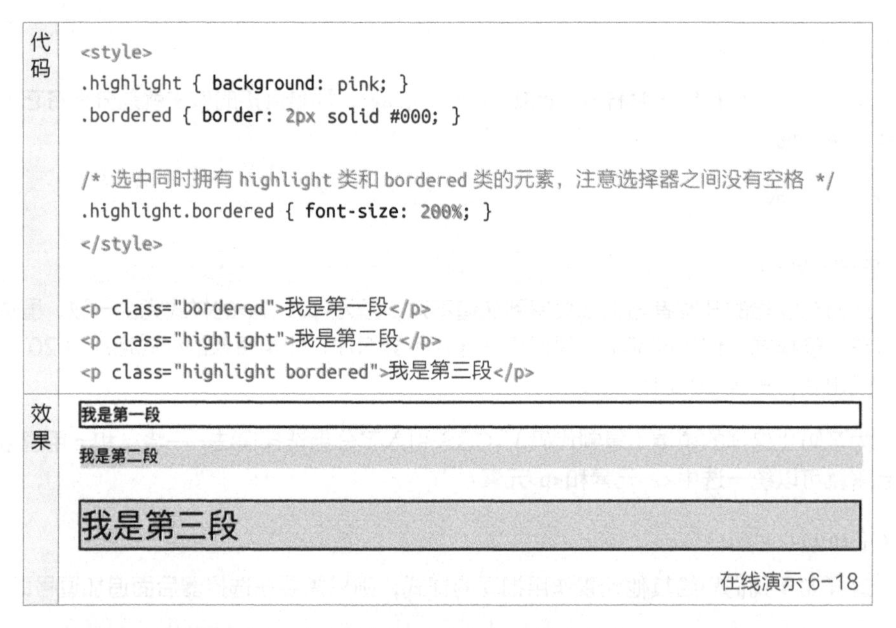

代码

```
<style>
.highlight { background: pink; }
.bordered { border: 2px solid #000; }

/* 选中同时拥有 highlight 类和 bordered 类的元素，注意选择器之间没有空格 */
.highlight.bordered { font-size: 200%; }
</style>

<p class="bordered">我是第一段</p>
<p class="highlight">我是第二段</p>
<p class="highlight bordered">我是第三段</p>
```

效果

在线演示 6-18

不单如此，类选择器也可以和其他类型的选择器组合使用：

```
.a#b { /* 所有 class 为"a"且 id 为"b"的元素 */ }
.a[b="c"] { /* 所有 class 为"a"且拥有属性 b，且属性值是"c"的元素 */ }
a.b { /* 所有<a>元素且 class 为"b" */ }
a.b#c { /* 所有<a>元素且 class 为"b"且 id 为"c"的元素 */ }
```

6.2.3 后代选择——通过“先人”找“后人”

后代选择法可能是我们使用得最频繁的一种选择方式，因为它的逻辑非常简洁。

以 div span { … }为例，前面的 div 指的是选择范围，后面的 span 指的是目标元素。一句话概括就是“选中所有<div>中的<span>元素”。

例如，页面中有段落和一个页脚，它们中都有<span>元素。现在要给所有<footer>中的<span>元素加上边框，使用后代选择可以这样做：

代码

```
<style>
  footer span { border: 2px solid #000; }
</style>
```

	`<p>`
	`  <span>A</span>`
	`  <span>B</span>`
	`</p>`
	
	`<footer>`
	`  <span>C</span>`
	`  <span>D</span>`
	`</footer>`

效果	A B C D　　在线演示 6-19

这样只有<footer>中的<span>会作用 border，而其他地方均不受影响。

6.2.4　子选择——通过“爸爸”找“儿子”

有时我们只想选中一个元素的所有子元素，而不是其中所有的元素（后代选择），CSS 同样提供这种方法。

比如，现有一个多级嵌套的列表：

```
<div id="grandpa">
  我是爷爷

  <div>
    我是爸爸

    <div>
      我是儿子
    </div>
  </div>
  <div>
    我是爸爸

    <div>
      我是儿子
    </div>
  </div>
</div>
```

子选择在多级嵌套的结构中尤其好用。如果我们仅仅想选中第二级（爸爸），则使用子选择就可以很轻松地办到：

代码	`div { padding: 10px; /* 层级直观 */ }` `#grandpa > div { border: 2px solid #000; }`

效果	我是爷爷 我是爸爸 我是儿子 我是爸爸 我是儿子 在线演示 6-20

6.2.5 相邻兄弟选择——找“弟弟”

有时我们希望基于现有元素选择同级的“下一个”元素，比如选中下方的弟弟：

```
<span>哥哥</span>
<span id="me">我</span>
<span>弟弟</span>
<span>弟弟</span>
```

这种情况就适用相邻兄弟选择器：

代码	`#me + span { border: 2px solid #000; }`
效果	哥哥 我 弟弟 弟弟　在线演示 6-21

但如果我想选中所有的弟弟呢？这就要用到另一种选择方式——通用兄弟选择。

6.2.6 通用兄弟选择——找所有“弟弟”

依然是之前的示例：

```
<span>哥哥</span>
<span id="me">我</span>
<span>弟弟</span>
<span>弟弟</span>
```

使用通用兄弟选择就可以找到#me 的所有弟弟：

代码：

```
#me ~ span {
  border: 2px solid #000;
}
```

效果：哥哥 我 弟弟 弟弟　在线演示 6-22

但如果想找哥哥怎么办？有没有找哥哥的选择法？很遗憾，目前没有。我们可以通过父子选择器来迂回解决，但也需要做一些额外工作：

| 代码 |
```
<style>
  body > .elder {
    border: 2px solid #000;
  }
</style>

<div id="parent">
  <span class="elder">哥哥</span>
  <span class="elder">哥哥</span>
  <span id="me">我</span>
  <span>弟弟</span>
</div>
```
 |

效果：哥哥 哥哥 我 弟弟　　在线演示 6-23

6.3　伪类——按元素状态指定样式

伪类（伪类选择器），其字面意思是“假的类”。

事实上，伪类选中的是元素的状态或与外界的关系。如果我们想给链接指定边框，则可以使用元素选择器 a 并为其设置 border 属性。想选中所有拥有 class="yo"的链接的方法和这也没有区别，只不过将选择器换成了 a.yo。

但如果只想在光标悬停在链接上时才作用边框样式，应该怎么做呢？到目前为止没有一种选择器可以做到这一点，因为之前的选择方式都是静态的，而我们需要的是在已有的元素上检测状态并动态地添加样式。

伪类的语法如图 6-1 所示。

图 6-1

以<a>元素为例，我们想在光标悬停时为其添加边框：

代码：

```
<style>
  a:hover { /* 当光标悬停在<a>上时作用以下样式 */
    border: 2px solid #000;
  }
</style>
```

```html
<a href="#">Yo</a>
```

效果

Yo　　在线演示 6-24

当光标悬停在链接上时，就会出现我们之前指定的边框，如下图所示。

Yo　　在线演示 6-25

伪类不仅只有:hover，随着浏览器功能越来越强，其支持的伪类也越来越多。

1. :active——激活状态

元素激活状态，在鼠标按键按下时触发，在鼠标按键抬起时还原。通常用于链接和按钮的单击反馈。

```html
<style>
  /* 鼠标按钮按下时作用样式，松开后还原样式 */
  button:active { border: 2px solid #000; }
</style>

<button href="#">Yo</button>
```

2. :focus——聚焦状态

元素聚焦状态，一般当鼠标单击输入框或用 Tab 切换到输入框时触发。

```html
<style>
/* 当鼠标单击输入框或用 Tab 切换到输入框时作用样式 */
 input:focus { border: 2px solid #000; }
</style>

<input>
```

3. :checked——勾选状态

它用于表示<input type=checkbox>、<input type=radio>或<option>元素的勾选状态。

代码

```html
<style>
  [type="checkbox"]:checked { outline: 2px solid #000; }
</style>

<input type="checkbox" checked>
```

效果

在线演示 6-26

4. :disabled——禁用状态

它作用于所有被禁用的元素上，如<input disabled>、<textarea disabled>。

代码

```
<style>
  input:disabled { outline: 2px solid #000; }
</style>

<input>
<input disabled>
```

效果

在线演示 6-27

5. :enabled——可用状态

它作用于所有未被禁用的元素上，与:disabled 相反。

代码

```
<style>
  input:enabled { outline: 2px solid #000; }
</style>

<input>
<input disabled>
```

效果

在线演示 6-28

6. :empty——空值

它表示不包含任何子元素或文字的元素。

代码

```
<style>
  p:empty { outline: 2px solid #000; }
</style>

<p>我有内容</p>
<p></p> <!-- 我没内容（所以也没高度，上下边框会贴在一起） -->
```

效果

我有内容

在线演示 6-29

7. :first-child——老大

它用于选中一组平行元素中最先出现的元素。

代码

```
<style>
```

```
  span:first-child { outline: 2px solid #000; }
</style>

<span>老大</span>
<span>老二</span>
三儿
```

效果：老大 老二 三儿　在线演示 6-30

8. :last-child——老末

它用于选中一组平行元素中最后出现的元素。

代码

```
<style>
  span:last-child { outline: 2px solid #000; }
</style>

<span>老大</span>
<span>老二</span>
<span>三儿</span>
```

效果：老大 老二 三儿　在线演示 6-31

9. :nth-child(n)——排行

它用于选择一组平行元素中排在第 n 位的元素。

代码

```
<style>
  /* 选中老二 */
  span:nth-child(2) { outline: 2px solid #000; }
</style>

<span>老大</span>
<span>老二</span>
<span>三儿</span>
```

效果：老大 老二 三儿　在线演示 6-32

10. :nth-last-child(n)——倒数排行

它与`:nth-child()`类似，只不过是倒着数。例如，`:nth-last-child(1)`就是倒数第一。

代码

```
<style>
  span:nth-last-child(1) { outline: 2px solid #000; }
</style>
```

	`<span>老大</span>`
	`<span>老二</span>`
	`<span>三儿</span>`

效果	老大 老二 三儿　　在线演示 6-33

11. :first-of-type——同类中的老大

与`:first-child`相同，`:first-of-type`也会选中第一项。不同的是，`:first-child`的选择范围是任何类型的元素，而`:first-of-type`的选择范围仅仅是同类元素。

代码

```
<style>
  span:first-of-type { outline: 2px solid #000; }
</style>

<a>a 老大</a>
<a>a 老二</a>
<span>span 老大</span>
<span>span 老二</span>
```

效果：a老大 a老二 span老大 span老二　　在线演示 6-34

12. :last-of-type——同类中的老末

`:last-of-type`与`:first-of-type`相反，选中同类元素中的最后一个。

代码

```
<style>
  a:last-of-type { outline: 2px solid #000; }
</style>

<a>a 老大</a>
<a>a 老二</a>
<span>span 老大</span>
<span>span 老二</span>
```

效果：a老大 a老二 span老大 span老二　　在线演示 6-35

13. :nth-of-type()——同类排行

它用于选择一组平行元素中排在第 n 位的同类元素。

代码

```
<style>
  a:nth-of-type(2) { outline: 2px solid #000; }
</style>
```

	`<a>a 老大</a>`
	`<a>a 老二</a>`
	`<span>span 老大</span>`
	`<span>span 老二</span>`

效果	a老大 a老二 span老大 span老二　　在线演示 6-36

14. :nth-last-of-type()——倒数同类排行

它与:nth-of-type()差不多，只不过是倒着数。例如，:nth-last-of-type(2)就是倒数第 2 个。

代码

```
<style>
  a:nth-last-of-type(2) { outline: 2px solid #000; }
</style>

<a>a 老大</a>
<a>a 老二</a>
<span>span 老大</span>
<span>span 老二</span>
```

效果：a老大 a老二 span老大 span老二　　在线演示 6-37

15. :not()——排除

:not()括号中填写选择器，将指定不被某个选择器选择的所有元素。例如，:not(a)会选中除<a>外的所有元素。

代码

```
<style>
  .item:not(a) { outline: 2px solid #000; }
</style>

<div>
  <a class="item">我是 a</a>
  <span class="item">我是 span</span>
</div>
```

效果：我是a 我是span　　在线演示 6-38

16. :only-child——独苗

它用于选中没有兄弟的元素，即它是它父级元素的唯一子元素。

代码

```
<style>
```

```
  span:only-child { outline: 2px solid #000; }
</style>

<div>
  <span>老大</span>
  <span>老二</span>
</div>
<div>
  <span>金疙瘩</span>
</div>
```

效果

老大 老二
金疙瘩

在线演示 6-39

6.4　伪元素——不是元素，胜似元素

伪元素，顾名思义假元素。但为什么非得是假的呢？有什么事情是真元素做不到的吗？没有。但是一些时候用真元素做会很冗余，甚至很费劲。

比如，我们要做一张菜单，菜单上有若干件商品：

代码

```
<style>
  /* 装饰：合并边框 */
  table { border-collapse: collapse;}
  /* 装饰：边框 */
  td, th { border: 1px solid #000; }
</style>

<table>
  <thead>
  <th>菜名</th>
  <th>价格</th>
  </thead>
  <tbody>
  <tr>
    <td>回锅肉</td>
    <td>¥20</td>
  </tr>
  <tr>
    <td>酸菜鱼</td>
    <td>¥30</td>
  </tr>
  <tr>
    <td>扬州炒饭</td>
    <td>¥18</td>
```

```
    </tr>
  </tbody>
</table>
```

效果

菜名	价格
回锅肉	¥20
酸菜鱼	¥30
扬州炒饭	¥18

在线演示 6-40

注意上方的价格字段，无论价格是多少，在数字的前方均有符号“¥”。如果只有一两个也就算了，但这张菜单的内容是不确定的，以后有可能会越来越多，比如有 100 条，那么符号“¥”就要重复写入 100 次。对于这种重复的工作有更好的解决方法吗？伪元素就是为了这种场景诞生的。它可以为元素批量添加相同内容，比如，`::before` 和 `::after` 就可以批量添加前缀和后缀元素。

伪元素的语法如图 6-2 所示。

图 6-2

1. ::before——前缀元素

基于前例，我们可以这样操作。

给每一个价格单元格添加一个 `::before` 伪元素：

```
/* 选中每一组中的最后一个<td>，然后为其添加前缀元素 */
td:last-of-type::before { content: "¥"; }
```

同时删除价格单元格中的“¥”：

代码

```
<tr>
  <td>回锅肉</td>
  <td>20</td>
</tr>
<tr>
  <td>酸菜鱼</td>
  <td>30</td>
</tr>
<tr>
  <td>扬州炒饭</td>
```

```
    <td>18</td>
  </tr>
```

效果

此时的效果与之前无异：

菜名	价格
回锅肉	¥20
酸菜鱼	¥30
扬州炒饭	¥18

在线演示 6-41

但是我们却减少了大量的重复工作，同时代码也更好维护了：如果以后饭馆支持美元付款，我们只需要把::before 中的 content 的值改成“$”即可，而不是一一修改<td>中的内容。

代码

```
td:last-of-type::before { content: "$"; }
```

效果

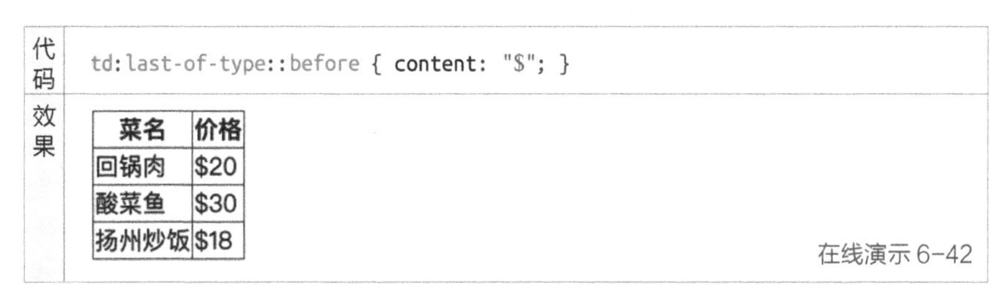

菜名	价格
回锅肉	$20
酸菜鱼	$30
扬州炒饭	$18

在线演示 6-42

::before 相当于为选中的元素添加了一个前缀，如图 6-3 所示。

```
<div>
  <:before> ]添加前缀
  Yo
</div>
```

图 6-3

2. ::after——后缀元素

::after 与::before 类似，只不过是将伪元素追加到目标元素的末尾。

代码

```
<style>
  table { border-collapse: collapse;}
  td, th { border: 1px solid #000; }

  td:last-of-type::after { content: "元"; }
</style>

<table>
  <thead>
```

```
    <th>菜名</th>
    <th>价格</th>
    </thead>
    <tbody>
    <tr>
      <td>回锅肉</td>
      <td>20</td>
    </tr>
    <tr>
      <td>酸菜鱼</td>
      <td>30</td>
    </tr>
    <tr>
      <td>扬州炒饭</td>
      <td>18</td>
    </tr>
    </tbody>
  </table>
```

效果

菜名	价格
回锅肉	20元
酸菜鱼	30元
扬州炒饭	18元

在线演示 6-43

::after 相当于为选中元素添加了一个后缀，如图 6-4 所示。

图 6-4

3. ::first-line——首行

它用于选中块级元素的首行文字。注意是首行，不是首段。这意味着，随着浏览器窗口宽度的变化，首行文字的长度会变化，其样式作用范围也会动态变化。

代码

```
<style>
  p::first-line { font-size: 150%; }
</style>


<p>
```

<table>
<tr><td></td><td>

```
  东市买骏马，西市买鞍鞯，南市买辔头，北市买长鞭。旦辞爷娘去，暮宿黄河边，不
闻爷娘唤女声，但闻黄河流水鸣溅溅。旦辞黄河去，暮至黑山头，不闻爷娘唤女声，但
闻燕山胡骑鸣啾啾。
  万里赴戎机，关山度若飞。朔气传金柝，寒光照铁衣。将军百战死，壮士十年归。
</p>
```

</td></tr>
<tr><td>效果</td><td>

东市买骏马，西市买鞍鞯，南市买辔头，北市买长鞭。旦辞爷娘去，暮宿黄河边，不闻爷娘唤女声，但闻黄河流水鸣溅溅。旦辞黄河去，暮至黑山头，不闻爷娘唤女声，但闻燕山胡骑鸣啾啾。 万里赴戎机，关山度若飞。朔气传金柝，寒光照铁衣。将军百战死，壮士十年归。

在线演示 6-44

</td></tr>
</table>

4. ::first-letter——首字

它用来选中块级元素的首字母。

<table>
<tr><td>代码</td><td>

```
<style>
  p::first-letter { font-size: 200%; }
</style>

<p>
  早晨起来，面向太阳。<br>
  前面是东，后面是西。<br>
  左面是北，右面是南。
</p>
```

</td></tr>
<tr><td>效果</td><td>

早晨起来，面向太阳。
前面是东，后面是西。
左面是北，右面是南。

在线演示 6-45

</td></tr>
</table>

如果在第一个字的前面出现了标点符号，该标点符号也会被算作第 1 个字：

<table>
<tr><td>代码</td><td>

```
<p>
  “早晨起来，面向太阳。<br>
  前面是东，后面是西。<br>
  左面是北，右面是南。
</p>
```

</td></tr>
<tr><td>效果</td><td>

“早晨起来，面向太阳。
前面是东，后面是西。
左面是北，右面是南。

在线演示 6-46

</td></tr>
</table>

5. ::placeholder——空白占位

它用于选中空白占位“元素”。

下面使用这个特性来修改默认的输入框空白占位的样式。

代码	

	``
	<style>
	  input::placeholder {
	    color: #000;
	    font-weight: bold;
	    text-decoration: line-through;
	  }
	</style>
	
	<input placeholder="用户名/手机/邮箱">
	``

效果	~~**用户名/手机/邮箱**~~ 在线演示 6-47

6. ::selection——选择范围

我们在网页中框选任何内容时，浏览器会将已选中的内容高亮出来。最常见的高亮样式是蓝色背景，::selection 就是控制这个特性的，见下方示例。

```
<style> p::selection { font-size: 150%; } </style>

<p>
  王花花和小熊跳舞跳呀跳呀一二一。
</p>
```

效果：此时文字被选中时，选中部分的样式会发生变化：

王花花和小熊跳舞跳呀跳呀一二一。

在线演示 6-48

6.5 本章小结

灵活应用选择器是写好 CSS 的基础。初学者常犯的错误是——只看样式规则，不看选择器。正确的做法应该是——先思考一组样式有可能会应用在哪些地方，包括未来可能应用在哪些地方，然后确定使用什么选择器。确定了选择器就意味着“杀伤范围”也确定了，这样无论修改什么样式都没有后顾之忧了，代码也会更好维护。

第 7 章

权重——样式发生冲突时怎么办

7.1 了解权重的级别

有时样式会出现冲突。比如，让所有的链接统一显示为灰色：

```
a  {color  gray;}
```

同时，还有一个.black类：

```
.black {color  black;}
```

则作用此类的元素字体颜色为黑色。

如果页面中有一个<a>元素同时也起作用的.black类，那会发生什么呢？见下方示例。

代码

```
<style>
  a { color: gray; }
  .black { color: black; }
</style>

<a class="black">我是个迷茫的链接</a>
```

效果

我是个迷茫的链接

在线演示 7-1

此时链接并没有作用 a 对应的文字颜色，而是作用了.black对应的文字颜色，为什么呢？难道这是随机的吗？

刷新几次网页后会发现结果并没有变化，事实上调整这两条规则的顺序（见下方的代码）也不会影响结果。

```
.black { color: black; } /* 我本来在下面 */
a { color: gray; } /* ... */
```

导致这种结果的就是浏览器的 CSS 权重策略。

选择器不同，权重就不同。权重就是“重视程度”。浏览器对每一种选择器的重视程度是不同的。

> **提示：选择器权重排序如下：**
>
> 行内样式 >ID 选择器 >类选择器、属性选择器、伪类 >元素选择器、伪元素，如图 7-1 所示。越靠近右上角权重越高，反之亦然。

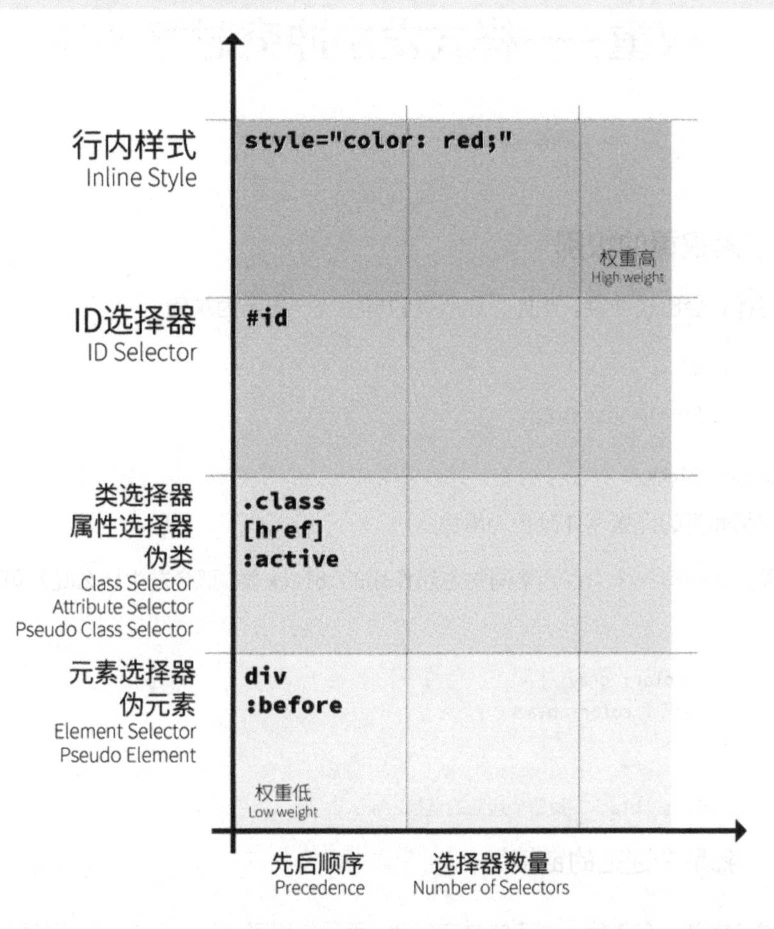

图 7-1

我们可以将纵轴的四级用数字的方式记录为 0, 0, 0, 0，即行内样式，ID 选择器，类选择器，元素选择器。这样无论选择器有多复杂，我们都可以精确地计算出来。

比如，下方示例中的<a>元素可以有很多种选择方式，但不同的选择器的权重是不同的，见表 7-1。

```
<p>
 <span>
   <a id="sober" class="black">我是个清醒的链接</a>
```

```
</span>
</p>
```

表 7-1　不同的选择器的权重不同

选择器	权重
a	0,0,0,1（最低）
p a	0,0,0,2
p > span a	0,0,0,3
.black	0,0,1,0
[class="black"]	0,0,1,0
a.black	0,0,1,1
#sober	0,1,0,0
a#sober.black	0,1,1,1
p a#sober.black	0,1,1,2（最高）

提示：纵轴的权重是“维度级”的。这意味着，如果两个选择器类型不同（比如一个是 ID 选择器，另一个是类选择器），则无论它们的的数量有多少，位置多靠后都不会对权重产生影响，见下方示例。

代码

```
<style>
  .yo { /* 最终会作用这一条 */
    background: lightgray;
  }

  div div div div p { /* 最终会被覆盖，虽然看着很唬人 */
    background: white;
  }
</style>

<div>
 <div>
   <div>
     <div>
       <p class="yo">酒香不怕巷子深</p>
     </div>
   </div>
 </div>
</div>
```

效果

酒香不怕巷子深

在线演示 7-2

7.2 几种选择器的权重

7.2.1 全局选择器的权重

全局选择器*可以选中页面中任何一个元素。这意味着，它的权重一定很低（因为选择范围太大，不够个性）。但具体低到什么程度呢？低至 0,0,0,0。即它比任何一种选择器的权重都低。

代码

```
<style>
  div { /* 0,0,0,1 最终会作用这一条 */
   text-decoration: underline; /* 文字装饰  下画线 */
  }

  * { /* 0,0,0,0 最终会被覆盖 */
   text-decoration: none; /* 文字装饰  无 */
  }
</style>

<div>Yo</div>
```

效果

Yo

在线演示 7-3

7.2.2 ID 选择器和包含 ID 的属性选择器的权重

包含 ID 的元素是可以使用属性选择器选择的，但它们的权重依然是不同的，具体见下方示例。

代码

```
<style>
  #yo { /* 0,1,0,0 最终会作用这一条 */
   text-decoration: underline;
  }

  [id="yo"] { /* 0,0,1,0 最终会被覆盖 */
   text-decoration: none;
  }
</style>

<div id="yo">Yo</div>
```

效果

Yo

在线演示 7-4

因为只要是属性选择器，它的权重就是二级，即 0,0,X,0，所以浏览器并不在乎属性选择器使用的是哪种属性，哪怕是使用 ID 属性选择，它的权重依然不会大于 ID 选择器。

7.2.3　权重最高的关键词——!important

到目前为止，我们知道权重最高的样式是行内样式。但事实上权重最高的不是行内样式，而是一个“幕后听政”的关键词——`!important`。

代码

```
<style>
  div {
    text-decoration: underline !important;
  }
</style>

<div style="text-decoration: none;">Yo</div>
```

效果

<u>Yo</u>

在线演示 7-5

我们一般不会首先使用这类“核武器”，它会碾压所有的样式规则，因为它拥有终极的权重，甚至行内样式都奈何不了它。

7.3　继承

一些属性是具有普适性的，比如字体大小。试想页面中任何一个元素的字体大小都要我们明确指定，那将是怎样的工作量？噩梦！所以这类属性就具有“继承”的特性，即：只需要给母元素指定某种样式（如字体大小），其后代对应的属性也会默认作用同样的样式。

代码

```
<style>
 .grandpa {
   font-size: 20px;
 }

 .pa {
   color: gray;
 }
</style>

<div class="great-grandpa">
 曾爷爷　我穷
 <div class="grandpa">
   爷爷　我要祖传 font-size
   <div class="pa">
     爸爸　我要祖传 color
     <div class="baby">
       娃　Yo
     </div>
```

```
    </div>
  </div>
</div>
```

效果

曾爷爷：我穷

爷爷：我要祖传font-size

爸爸：我要祖传color

娃：Yo

在线演示 7-6

继承下来的样式权重极小，甚至连 0,0,0,0 都没有。这意味着，全局选择器*也可以覆盖继承样式。

代码

```
<style>
* {
  font-size: 10px;
  color: black;
}

.grandpa {
  font-size: 20px;
}

.pa {
  color: gray;
}
</style>

<div class="great-grandpa">
  曾爷爷  我穷
  <div class="grandpa"> <!-- .grandpa 的 font-size 不受影响 -->
    爷爷  我要祖传 font-size
    <div class="pa"> <!-- .pa 的 color 不受影响 -->
      爸爸  我要祖传 color
      <div class="baby"> <!-- .baby 的继承样式被覆盖 -->
        娃  祖传失败
      </div>
    </div>
  </div>
</div>
```

效果

曾爷爷：我穷

爷爷：我要祖传font-size

爸爸：我要祖传color

娃：祖传失败

在线演示 7-7

1. 继承与默认样式

随着页面结构越来越复杂，组合方式也会越来越多，我们经常会遇到元素的某些属性继承无效的情况，见下方示例。

代码

```
<style>
  p { color: black; }
</style>

<p>
  你好，<a href="#">我是链接</a> <!-- a 的 color 没有改变 -->
</p>
```

效果

你好，我是链接

在线演示 7-8

我们之前说过，继承样式的权重极低，它不但比全局选择器*低，甚至比默认样式更低。这样也就不难理解为什么继承失效了。其实<a>确实继承了 color 属性，只不过被浏览器的默认样式覆盖了。

此时我们需要明确指定其 color 属性的值为 inherit，见下方示例。

代码

```
a { color: inherit; }
```

效果

你好，我是链接

在线演示 7-9

这样页面中的链接就开始继承其父级的字体颜色了。

主流浏览器默认样式参考 biaoyansu.com/9.userAgentStyle。

2. 关于权重

关于权重与特殊性你需要知道以下几点。

- ◎ 选择器权重的排序如下：
  行内样式 > ID 选择器 > 类选择器、属性选择器、伪类 > 元素选择器、伪元素
- ◎ 当几个属性权重相等时，较迟出现的那个属性的权重更高。
- ◎ 当两条相同的规则同时使用!important 时，按照正常的选择器权重排序。如果选择器也相同，则较迟出现的那个属性的权重更高。
- ◎ 继承永远是自外到内，由父至子的，不存在由子至父的继承。但有一个例外，那就是<body>元素的 background 属性，当<html>未指定背景色，且<body>指定了背景色时，<html>会继承<body>的 background 属性。

7.4 本章小结

由于不同类型的选择器之间的权重是具有碾压性的，所以在指定选择器时要注意：不能为了图省事一上来就指定高权重的选择器（行内样式、`!important`）；使用权重要节制，要先从权重最低的选择器开始考虑，如果不能解决问题，则再逐步上升到高权重选择器。

第 8 章 给文字加样式

如果说布局类元素是树的主干，功能类元素是枝干，那么文字就是树叶。

有趣的是，站在用户的角度来看，树叶反而是最有价值的，因为：如果没有内容，就无法传递确切的信息，网页也就没有存在的价值了。

在大部分网页中，文字是内容中占比最大，也最重要的部分。“文字都能添加哪些样式”和“如何给文字添加样式”是本章的主题。

8.1 块方向和行内方向

网页的“万有引力”是指：一切元素在没有任何人为干预的情况下，统一趋向于文档的左上角（也有可能是右上角，取决于语言环境）。但其实这只是比较笼统的说法，这种“万有引力”其实可以分为“块方向”和“行内方向”。块方向为垂直方向（上下方向），行内方向为水平方向（左右方向）。

为什么会这么表现呢？因为块级元素是占整宽的，既然占了整宽，左右方向也就毫无意义，而对于通常是文字的行内元素，其方向首先取决于文字书写的方向。以英文或现代中文为例，其书写方向为从左到右，而一些语言（如希伯来语或阿拉伯语），其书写方向为从右到左，我们作为 Web 开发者不能不考虑到这一点。

8.2 text-indent——文字缩进

它用于为段落添加首行缩进。表 8-1 中列出了 `text-indent` 的基本性质。

表 8-1

性质	说明
默认值	0
作用于	块级元素
百分比基于	容器的宽度
默认继承	是
值	<长度>|<百分比>

在我们阅读的大部分书籍中，每一段开始都会空两个字，且段落之间没有断行。在没有这个属性之前，想要做到首行缩进只能用一些“不自然”的方法，有的加` `，有的加透明图片。

CSS 有了 `text-indent` 属性后就轻松多了。

1. 添加缩进实例

先选中需要缩进的段落，然后为其指定缩进的值，见下方示例。

代码

```
<style>
  p { text-indent: 2em; }
</style>

<p>
我们过了江，进了车站。我买票，他忙着照看行李。行李太多了，得向脚夫行些小费，才可过去。他便又忙着和他们讲价钱。我那时真是聪明过分，总觉他说话不大漂亮，非自己插嘴不可。但他终于讲定了价钱；就送我上车。他给我拣定了靠车门的一张椅子；我将他给我做的紫毛大衣铺好坐位。他嘱我路上小心，夜里要警醒些，不要受凉。又嘱托茶房好好照应我。我心里暗笑他的迂；他们只认得钱，托他们只是白托！而且我这样大年纪的人，难道还不能料理自己么？唉，我现在想想，那时真是太聪明了。
</p>
```

效果

　　我们过了江，进了车站。我买票，他忙着照看行李。行李太多了，得向脚夫行些小费，才可过去。他便又忙着和他们讲价钱。我那时真是聪明过分，总觉他说话不大漂亮，非自己插嘴不可。但他终于讲定了价钱；就送我上车。他给我拣定了靠车门的一张椅子；我将他给我做的紫毛大衣铺好坐位。他嘱我路上小心，夜里要警醒些，不要受凉。又嘱托茶房好好照应我。我心里暗笑他的迂；他们只认得钱，托他们只是白托！而且我这样大年纪的人，难道还不能料理自己么？唉，我现在想想，那时真是太聪明了。

在线演示 8-1

`text-indent` 属性可以被指定为负值，这会导致首行文字溢出容器，见下方示例。

代码

```
<style>
  p { text-indent: -2em; }
</style> <!-- ... -->
```

效果

门过了江，进了车站。我买票，他忙着照看行李。行李太多了，得向脚夫行些小费，才可过去。他便又忙着和他们讲价钱。我那时真是聪明过分，总觉他说话不大漂亮，非自己插嘴不可。但他终于讲定了价钱；就送我上车。他给我拣定了靠车门的一张椅子；我将他给我做的紫毛大衣铺好坐位。他嘱我路上小心，夜里要警醒些，不要受凉。又嘱托茶房好好照应我。我心里暗笑他的迂；他们只认得钱，托他们只是白托！而且我这样大年纪的人，难道还不能料理自己么？唉，我现在想想，那时真是太聪明了。

在线演示 8-2

我们发现溢出部分被切掉了，它已经超出了浏览器窗口的边界，内容自然无法显示。

2. 防止溢出部分被裁掉

为防止溢出部分被裁掉，我们通常会在容器外添加 `margin` 或 `padding`，见下方示例。

代码

```
<style>
  p {
    text-indent: -2em;
    margin-left: 2em; /* 防止溢出剪裁 */
    margin-right: 2em; /* 可选，仅仅是为了左右对称 */
  }
</style> <!-- ... -->
```

效果

我们过了江，进了车站。我买票，他忙着照看行李。行李太多了，得向脚夫行些小费，才可过去。他便又忙着和他们讲价钱。我那时真是聪明过分，总觉他说话不大漂亮，非自己插嘴不可。但他终于讲定了价钱；就送我上车。他给我拣定了靠车门的一张椅子；我将他给我做的紫毛大衣铺好坐位。他嘱我路上小心，夜里要警醒些，不要受凉。又嘱托茶房好好照应我。我心里暗笑他的迂；他们只认得钱，托他们只是白托！而且我这样大年纪的人，难道还不能料理自己么？唉，我现在想想，那时真是太聪明了。

在线演示 8-3

3. 添加长度单位

text-indent 可以接受包括百分比在内的任何 CSS 长度单位。

以百分比为例：如果一个段落宽 300px，其缩进为 10%，则缩进后的长度为 300px × 10% = 30px，见下方示例。

代码

```
<style>
  p {
    width: 300px;
    text-indent: 10%;
  }
</style> <!-- ... -->
```

效果

我们过了江，进了车站。我买票，他忙着照看行李。行李太多了，得向脚夫行些小费，才可过去。他便又忙着和他们讲价钱。我那时真是聪明过分，总觉他说话不大漂亮，非自己插嘴不可。但他终于讲定了价钱；就送我上车。他给我拣定了靠车门的一张椅子；我将他给我做的紫毛大衣铺好坐位。他嘱我路上小心，夜里要警醒些，不要受凉。又嘱托茶房好好照应我。我心里暗笑他的迂；他们只认得钱，托他们只是白托！而且我这样大年纪的人，难道还不能料理自己么？唉，我现在想想，那时真是太聪明了。

在线演示 8-4

提示：text-indent 属性是继承的。即如果父级元素有文字缩进，则其后代也会有相同的文字缩进，见下方示例。

代码

```
<style>
  div {
    width: 300px;
    text-indent: 10%;
  }
```

```
</style>

<div>
  我是 div 的儿子，我缩进了。
  <p>
    我是 div 的孙子，我也缩进了。因为我有个祖传的缩进属性。
  </p>
</div>
```

效果

我是div的儿子，我缩进了。

我是div的孙子，我也缩进了。因为我
有个祖传的缩进属性。

在线演示 8-5

text-indent 只能设在块级元素上，一般为文字的容器，如<p>、<div>。这个属性真正影响的是容器内部的内容。如果想让行内或行内块有缩进效果，则可以使用 margin 或 padding 来绕道解决。

8.3 text-align——文字对齐

它用于指定行内元素（如文字）的对齐方向。表 8-2 中列出了 text-align 的基本性质。

表 8-2

性质	说明
默认值	CSS 3 中是 start；CSS 2.1 中取决于语言书写方向
作用于	块级元素
默认继承	是
值	Start、end、left、right、center、justify、match-parent

CSS 中的文字对齐方式与我们在文字编写软件中经常会用到文字对齐一样，都是用于干预文字流动方向的。常见的有 3 种：左对齐、居中对齐和右对齐，见下方示例。

代码

```
<style>
  p { background: #ddd; }
  .left { text-align: left; }
  .center { text-align: center; }
  .right { text-align: right; }
</style>

<p class="left">
左对齐  <br>我们过了江，进了车站。我买票，他忙着照看行李。行李太多了，得向脚夫行些小费，才可过去。他便又忙着和他们讲价钱。我那时真是聪明过分，总觉他说话不大漂亮，非自己插嘴不可。但他终于讲定了价钱；就送我上车。
</p>
```

```
<p class="center">
  居中对齐  <!-- 文字同上 -->
</p>
<p class="right">
  右对齐  <!-- 文字同上 -->
</p>
```

效果

左对齐
我们过了江，进了车站。我买票，他忙着照看行李。行李太多了，得向脚夫行些小费，才可过去。他便又忙着和他们讲价钱。我那时真是聪明过分，总觉他说话不大漂亮，非自己插嘴不可。但他终于讲定了价钱；就送我上车。

居中对齐
我们过了江，进了车站。我买票，他忙着照看行李。行李太多了，得向脚夫行些小费，才可过去。他便又忙着和他们讲价钱。我那时真是聪明过分，总觉他说话不大漂亮，非自己插嘴不可。但他终于讲定了价钱；就送我上车。

右对齐
我们过了江，进了车站。我买票，他忙着照看行李。行李太多了，得向脚夫行些小费，才可过去。他便又忙着和他们讲价钱。我那时真是聪明过分，总觉他说话不大漂亮，非自己插嘴不可。但他终于讲定了价钱；就送我上车。

在线演示 8-6

提示：和 text-indent 一样，text-align 也只能指定在块级元素上，一般为文字的容器。直接将 text-align 指定在行内或行内块元素上是行不通的。

◎ Justify 通过调整文字间的空格（尤其是以空格分词的西文）使文字两端对齐。

◎ start 和 end 在本书成书时依然在试验阶段，且有可能在未来被移出标准，遂不推荐使用。

8.4 line-height——行高

它用于指定每行文字的高度。表 8-3 中列出了 line-height 的基本性质。

表 8-3

性质	说明
默认值	normal
作用于	所有元素
默认继承	是
值	<数字>

下面来看一个例子。我们有一个段落，段落的行高为 1：

代码

```
<style>
  p { line-height: 1; }
</style>
```

	<p> 我们过了江，进了车站。我买票，他忙着照看行李。行李太多了，得向脚夫行些小费，才可过去。他便又忙着和他们讲价钱。我那时真是聪明过分，总觉他说话不大漂亮，非自己插嘴不可。但他终于讲定了价钱；就送我上车。他给我拣定了靠车门的一张椅子；我将他给我做的紫毛大衣铺好坐位。他嘱我路上小心，夜里要警醒些，不要受凉。 </p>
效果	我们过了江，进了车站。我买票，他忙着照看行李。行李太多了，得向脚夫行些小费，才可过去。他便又忙着和他们讲价钱。我那时真是聪明过分，总觉他说话不大漂亮，非自己插嘴不可。但他终于讲定了价钱；就送我上车。他给我拣定了靠车门的一张椅子；我将他给我做的紫毛大衣铺好坐位。他嘱我路上小心，夜里要警醒些，不要受凉。 在线演示 8-7

我们将段落的行高改为 2：

代码

```
<style>
  p { line-height: 2; }
</style>

<p>（同上）</p>
```

效果

我们过了江，进了车站。我买票，他忙着照看行李。行李太多了，得向脚夫行些小费，才可过去。他便又忙着和他们讲价钱。我那时真是聪明过分，总觉他说话不大漂亮，非自己插嘴不可。但他终于讲定了价钱；就送我上车。他给我拣定了靠车门的一张椅子；我将他给我做的紫毛大衣铺好坐位。他嘱我路上小心，夜里要警醒些，不要受凉。

在线演示 8-8

line-height 的作用是显而易见的——每行之间的距离增大了。指定纯数字，表示行高为当前字体大小的几倍。

提示：合适的行距可以让读者更舒适地阅读，但也不宜过大，过大的行距会导致行过于松散，反而影响阅读。

8.5 vertical-align——文字垂直对齐

它用于指定行内元素的垂直对齐方向。表 8-4 中列出了 vertical-align 的基本性质。

表 8-4

性质	说明
默认值	baseline
作用于	行内元素和表格单元格
默认继承	是
值	baseline

1. baseline——向基线对齐

baseline 就是基线，如图 8-1 所示。

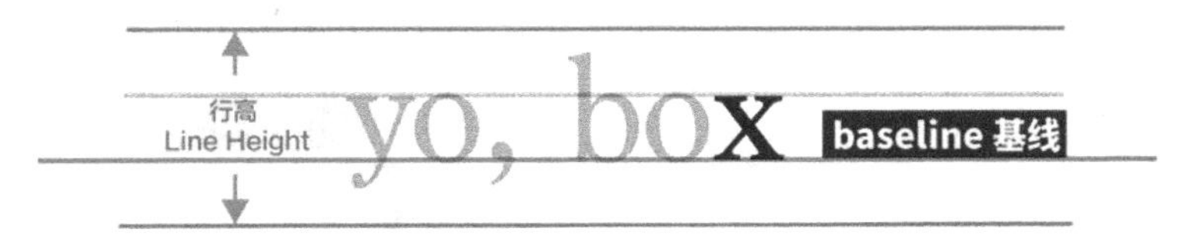

图 8-1

baseline 是所有行内元素的默认对齐方式。

如果某行内（块）元素没有基线（如图片、表单、输入框），则此元素的下沿将会落在母元素的基线上，见下方示例。

代码

```
<style>
  div { background: black; }
</style>

<div>
  <img src="https://public.biaoyansu.com/white.png">
</div>
```

效果

在线演示 8-9

这就是为什么图片下方会出现空隙的原因。解决这个问题很简单：要么让图片向最下方对齐（而不是基线），要么让图片显示为块级元素，见下方示例。

代码

```
<style>
  div { background: black; }

  /* 一以下两种方法可任选其一 */
  img { display: block; }
  img { vertical-align: bottom; }
</style>

<div>
  <img src="https://public.biaoyansu.com/white.png">
</div>
```

效果

在线演示 8-10

2. Top、bottom——向行框的上方和下方对齐

top 将元素的上方与行框的上方对齐，bottom 将元素的下方与行框的下方对齐，如图 8-2 所示。

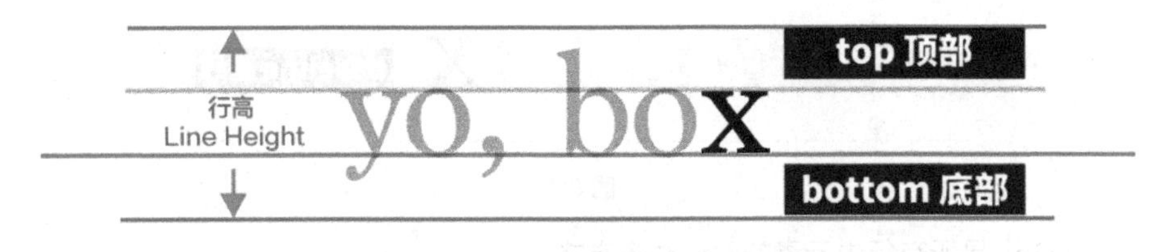

图 8-2

3. sub、super——上标和下标

上标和下标通常用于表示注解号、次幂或变量序号。

它仅仅提高或降低元素的基线，并不会改变文字的大小，所以我们通常会直接使用 <sub>和<sup>，因为它们的 vertical-align 默认为 sub 和 super，如图 8-3 所示。

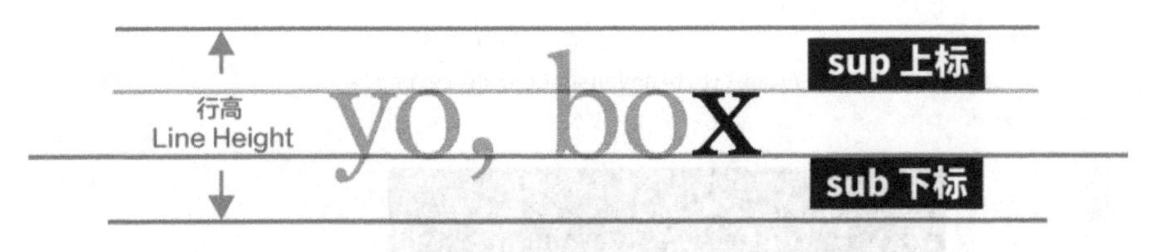

图 8-3

4. 关于 vertical-align 你需要知道

- ◎ vertical-align 只会直接作用在行内元素或行内块元素上。
- ◎ vertical-align 只会影响元素本身，而不是元素内容（除了单元格）。
- ◎ 当 vertical-align 作用在单元格或 display: table-cell 的元素上时，只影响单元格，而不影响子元素。
- ◎ vertical-align 作用在 div 上将毫无作用，为什么？因为默认情况下 div 不是行内元素或行内块元素。
- ◎ vertical-align 在表格单元格中只可作用于 baseline、top、middle 和 bottom 四个值。

8.6 字距和词距

1. letter-spacing——字距

它用于调整文字间的空隙大小。表 8-5 中列出了 letter-spacing 的基本性质。

表 8-5

性质	说明
默认值	normal
作用于	所有元素
默认继承	是
值	Normal、<长度>

letter-spacing 的默认值为 normal，即 0，见下方示例。

代码

```
<style>
  p { letter-spacing: 0; }
</style>

<p>花花自小体弱多病，常年患有粉碎性懒癌</p>
```

效果

花花自小体弱多病，常年患有粉碎性懒癌

在线演示 8-11

也可以给其指定一个正的长度值，见下方示例。

代码

```
p { letter-spacing: 10px; } /* ... */
```

效果

花 花 自 小 体 弱 多 病 ， 常 年 患 有 粉 碎 性 懒 癌

在线演示 8-12

可以看到文字就变得稀疏了。

也可以指定负的长度值，只不过文字会黏在一起，见下方示例。

代码

```
p { letter-spacing: -5px; } /* ... */
```

效果

花花自小体弱多病，常年患有粉碎性懒癌

在线演示 8-13

2. word-spacing——词距

它用于指定词与词之间的间隔。表 8-6 中列出了 `word-spacing` 的基本性质。

表 8-6

性质	说明
作用于	所有元素
默认继承	是
值	Normal、<长度>、<百分比>

提示：

中文在字面上是没有明确划分的，比如，“我是花花”每一个词之间是没有任何分割符的，然而在英文中就不是这样了，例如“I am Huahua”这句话很明确地被分成了3部分，每两部分之间用空格分割（见下方示例），这样中文分词对于机器来说就比英文难了不止一个级别。

所以，word-space 在中文或任何没有词语分割的语言中是没有意义的。

<table>
<tr><td>代码</td><td>

```
<style>
  p { word-spacing: 10px; }
</style>

<p>我是花花</p>
<p>I am Huahua</p>
```

</td></tr>
<tr><td>效果</td><td>我是花花
I am Huahua
在线演示 8-14</td></tr>
</table>

word-spacing 同样可以被指定为负值，见下方示例。

<table>
<tr><td>代码</td><td>

```
p { word-spacing: -10px; } /* ... */
```

</td></tr>
<tr><td>效果</td><td>我是花花
IamHuahua
在线演示 8-15</td></tr>
</table>

8.7 text-decoration——文字装饰

它用于装饰文字本身，将其与周围文字区别开来。表 8-7 中列出了 text-decoration 的基本性质。

表 8-7

性质	说明
默认值	text-decoration-color: currentcolor text-decoration-style: solid text-decoration-line: none
作用于	所有元素
默认继承	否

text-decoration 可以展开为 text-decoration-line、text-decoration-color、text-decoration-style 和 text-decoration-thickness。

最常见的就是<a>元素的下画线，见下方示例。

代码	`<a href="#">我是链接，我自带装饰</a>`
效果	我是链接，我自带装饰　　在线演示 8-16

提示： 由于<a>元素有特殊功能（单击跳转），所以浏览器为其添加了默认样式，其中就包含 text-decoration: underline。

文字装饰有不止一种，我们需要明确地指定元素的文字装饰，见下方示例。

代码

```
<style>
  .underline { text-decoration: underline; }
  .overline { text-decoration: overline; }
  .line-through { text-decoration: line-through; }
  .none { text-decoration: none; }
</style>

<p class="underline">我有下画线</p>
<p class="overline">我有上画线</p>
<p class="line-through">我有删除线</p>
<p class="none">我一无所有</p>
```

效果

我有下画线

我有上画线

我有删除线

我一无所有

在线演示 8-17

1. text-decoration-line——装饰线

它用于指定装饰线位置。表 8-8 中列出了 text-decoration-line 的基本性质。

表 8-8

性质	说明
默认值	none
作用于	所有元素
默认继承	是
值	none、underline、overline、line-through

其实无论是 underline 还是其他的值，都是 text-decoration 的一个子属性——text-decoration-line 的值。即，如果将上例中的 text-decoration 改为 text-decoration-line，则会得到相同的结果，见下方示例。

代码

```
<style>
  .underline { text-decoration-line: underline; }
  .overline { text-decoration-line: overline; }
  .line-through { text-decoration-line: line-through; }
  .none { text-decoration-line: none; }
</style>

<p class="underline">我有下画线</p>
<p class="overline">我有上画线</p>
<p class="line-through">我有删除线</p>
<p class="none">我一无所有</p>
```

效果

我有下画线

我有上画线

我有删除线

我一无所有

在线演示 8-18

但如果能用更短的 `text-decoration` 为什么还要用 `text-decoration-line` 呢？因为灵活。除 `text-decoration-line` 外，CSS 3 还支持更多的装饰属性，如果可以单独指定，则可以最大程度地保证灵活性。

2. text-decoration-color——装饰颜色

它为装饰线指定颜色。表 8-9 中列出了 `text-decoration-color` 的基本性质。

表 8-9

性质	说明
默认值	currentcolor
作用于	所有元素
默认继承	是
值	<颜色>

`text-decoration-color` 需要配合 `text-decoration-line` 使用，见下方示例。

代码

```
<style>
  p {
    text-decoration-line: underline;
    text-decoration-color: lightgray; /* 灰色下画线 */
  }
</style>

<p>我有下画线</p>
```

效果	我有下画线　在线演示 8-19

3. text-decoration-style——装饰风格

它为装饰线指定风格。表 8-10 中列出了 `text-decoration-style` 的基本性质。

表 8-10

性质	说明
默认值	solid
作用于	所有元素
默认继承	是
值	Solid、double、dotted、dashed、wavy

波浪线这看似如此常见且合理的功能在 CSS 3 之前做起来是很费劲的，因为没有原生支持。在 CSS 3 引入了 `text-decoration-style` 后实现它就轻松多了，见下方示例。

代码

```
<style>
  p {
    text-decoration-line: underline;
    text-decoration-style: wavy; /* 波浪下画线 */
  }
</style>

<p>我有波浪下画线</p>
```

效果

我有波浪下画线　在线演示 8-20

`text-decoration-style` 目前支持指定 5 种风格，见下方示例。

代码

```
<style>
  p { text-decoration-line: underline; }

  .solid { text-decoration-style: solid; } /* 实线 */
  .double { text-decoration-style: double; } /* 下画线 */
  .dotted { text-decoration-style: dotted; } /* 点线 */
  .dashed { text-decoration-style: dashed; } /* 虚线 */
  .wavy { text-decoration-style: wavy; } /* 波浪线 */
</style>

<p class="solid">我有实线</p>
<p class="double">我有双下画线</p>
<p class="dotted">我有点线</p>
<p class="dashed">我有虚线</p>
<p class="wavy">我有波浪线</p>
```

效果	我有实线 我有双下画线 我有点线 我有虚线 我有波浪线 在线演示 8-21

4. text-shadow——文字阴影

它用于为文字添加阴影效果。表 8-11 中列出了 text-shadow 的基本性质。

表 8-11

性质	说明
作用于	所有元素
默认继承	是
值	<颜色>、<偏移-x>、<偏移-y>、<羽化半径>

text-shadow 与 box-shadow 的最大区别在于：text-shadow 的阴影是加在文字上的，而 box-shadow 的阴影是加在容器上的。这意味着，text-shadow 的阴影可以跟随文字的笔画而动态变化。

（1）基本写法。

示例如下。

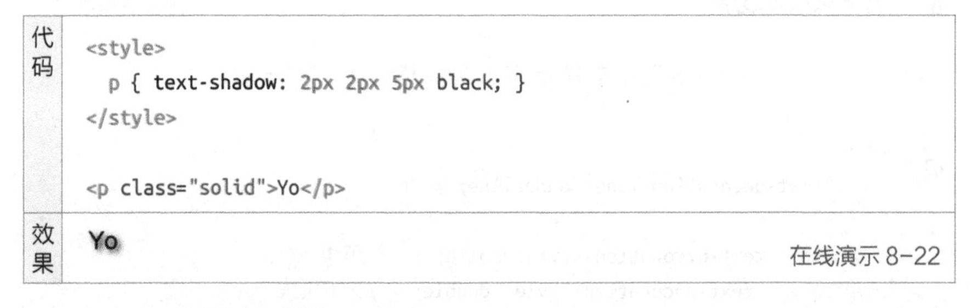

代码

```
<style>
  p { text-shadow: 2px 2px 5px black; }
</style>

<p class="solid">Yo</p>
```

效果

Yo

在线演示 8-22

text-shadow 的语法如图 8-4 所示。

图 8-4

◎ 横向偏移：指文字阴影相对文字本身的位置偏移多少。零为不偏移，与文字位置重合；正数为向右偏移；负数为向左偏移。

◎ 纵向偏移：与横向偏移类似，只不过方向为纵向，即上下偏移。
◎ 羽化半径：羽化半径越小，则阴影就越锐利；羽化半径越大，则阴影就越朦胧。
◎ 阴影颜色：指定阴影的颜色，可以是任何颜色。一般用较深的颜色创造阴影效果，用较浅的颜色创造发光效果。

（2）其他写法。

除常规的写法外，text-shadow 还支持以下写法：

```
text-shadow: 2px 2px 5px #000; /* 常规写法 */
text-shadow: #000 2px 2px 5px; /* 颜色 横向偏移 纵向偏移 羽化半径 */
text-shadow: 2px 2px #000; /* 横向偏移 纵向偏移 颜色，羽化半径默认为 0 */
text-shadow: #000 2px 2px; /* 颜色 横向偏移 纵向偏移 */
text-shadow: 2px 2px; /* 横向偏移 纵向偏移，羽化半径默认为 0，颜色继承文字颜色 */
```

（3）多层阴影。

阴影可以指定多层，每一层用逗号隔开，见下方示例。

代码

```
<style>
  p { text-shadow: 2px 2px black, -2px -2px gray; }
</style>、
<p class="solid">Yo</p>
```

效果

Yo

在线演示 8-23

8.8 white-space——空白字符

所谓空白字符，就是空格、断行和制表符这类肉眼看不到，却在文档中发挥作用的字符。这些字符在浏览器中如何表现完全取决于 white-space 属性。表 8-12 中列出了 white-space 属性的基本性质。

表 8-12

性质	说明
作用于	所有元素
默认继承	是
值	normal、nowrap、pre、pre-wrap、pre-line

1. normal

white-space 的值默认为 normal，见下方示例。

代码

```
<style>
  p { white-space: normal; }
</style>
```

	`<p class="solid">`
	  Yo,
	
	      world.
	`</p>`

效果	Yo, world. 在线演示 8-24

我们发现，无论“Yo,”和“`world`”中间有多少空格或断行，浏览器都只会将它们渲染为一个空格。因为西文通常是用空格来划分词与词之间的边界的，所以这个机制在西文环境中既可以保证浏览器完美渲染，又可以保证通过断行和空格使代码格式整齐易读。

但在不以空格分词的语言中（比如中文）就很尴尬了。想要保证代码的整洁，就不得不在浏览器中显示诡异的空格。想要最终渲染结果没有问题，就要保证代码中不出现空格和断行。这个问题到目前为止仍然没有很好的解决方案，只能捏着鼻子写。先入为主在计算机世界也不例外。

2. pre

它用来显示所有空白字，见下方示例。

代码

```
<style>
  p { white-space: pre; }
</style>

<p class="solid">
  Yo,


    world.
</p>
```

效果

```
  Yo,

    world.
```

在线演示 8-25

3. pre-wrap

它用来显示所有空白字符，但如果文字总长度大于容器，则自动断行适应宽度（`pre` 会忠实地显示代码的状态，不会自动断行）。

代码

```
<style>
  p { white-space: pre-wrap; }
</style>
```

```
<p class="solid">
  Yo,


     world.


  Lorem ipsum...
</p>
```

效果

Yo,

world.

Lorem ipsum dolor sit amet, consectetur adipisicing elit. Architecto at dicta excepturi incidunt inventore ipsam itaque iusto nam nisi possimus rerum, similique tempora unde veniam vitae. Amet aspernatur rerum veritatis. Lorem ipsum dolor sit amet, consectetur adipisicing elit. Consectetur

在线演示 8-26

4. pre-line

`pre-line` 用来只保留断行。除此之外，其他表现与 `normal` 没有区别，见下方示例。

代码

```
<style>
  p { white-space: pre-line; }
</style>

<p class="solid">
  Yo,


     world.
</p>
```

效果

Yo,

world.

在线演示 8-27

5. nowrap

`nowrap` 用来不断行。`nowrap` 除不断行外，其他的表现与 `normal` 相同。

代码

```
<style>
  p { white-space: nowrap; }
</style>

<p class="solid">
  Lorem ipsum dolor sit amet, consectetur adipisicing elit. Architecto, hic,
unde! Minus modi odio provident quas reiciendis saepe? Aliquam doloribus fugiat
illo maxime minima neque quae quisquam rerum sapiente tempore! Lorem ipsum dolor
sit amet, consectetur adipisicing elit. Aut autem cumque deleniti, doloremque
```

	dolorum eius esse ex excepturi expedita fugit harum magnam neque, nulla obcaecati repellendus reprehenderit sed voluptates, voluptatum? </p>
效果	Lorem ipsum dolor sit amet, consectetur adipisicing elit. Architecto, hic, unde! Minus modi odio provident 在线演示 8-28

提示：由于存在 nowrap，所以文字总长度大于其父级容器也不会断行，文字只会左右流动，不会上下流动。

8.9 word-break——换行和断词

表 8-13 中列出了 word-break 的基本性质。

表 8-13

性质	说明
默认值	normal
作用于	所有元素
默认继承	是
值	Normal、break-all、keep-all、break-word

一般来讲，当一行文字过多超出容器宽度时，浏览器默认会自动断行，以保证所有文字都在容器内部显示。

但对于一些特殊情况，例如在一行文字已经超出容器，且其中一个词非常长（有可能词本身的宽度就已经超出容器的宽度）的情况下，浏览器应该怎么处理？打断最后一个词？让最后一个词溢出显示？word-break 属性就是用来解决当文字总长大于容器宽度时应该怎么处理的问题，如图 8-5 所示。

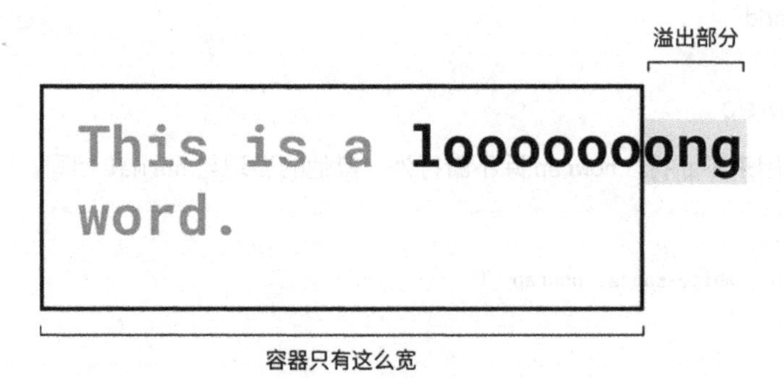

图 8-5

1. normal

它表示自动断词，交给浏览器决策，见下方示例。

代码

```
<style>
  /* 辅助样式 */
  #box {
    max-width: 200px;
    background: lightgray;
  }

  p { word-break: normal; }
</style>

<div id="box">
  <p>This is a looooooooooooooooooooooooooooooooooooooooooooong word.</p>
  <p>唧唧复唧唧木兰当户织不闻机杼声惟闻女叹息</p>
</div>
```

效果

This is a
loooooooooooooooooooooooooooooooooooooooooong
word.

唧唧复唧唧木兰当户织不闻
机杼声惟闻女叹息

在线演示 8-29

观察上面的例子会发现一个规律：当一行文字放不下时，同样是字符，西文中的一串字母（如 apple）之间如果没有空格，则浏览器是不会强行将其打断的；而中文的每个字符（中文标点也算中文）都可以被打断另起一行。

这就是语言文化的差异带来的区别。因为在 CJK（中日韩）语系中，一个字其实就是一个词，无关每个字的组合方式。每一个字都有独立且完整的意思。而西文中的字母，其实就相当于中文的笔画，而笔画不应该随意打断，否则就会引起歧义。

所以，默认的 `normal` 通常是最实用的，浏览器会针对语言来判断是否需要断词。

提示：但是在一些特殊情况下，比如设计方有排版要求，或最终结果需要印刷，采用这种方式就不明智了。因为如果不强行断词，则文字就有可能印到纸张边沿上，甚至溢出纸张，造成信息的不完整。这种情况则需要让文字强行断词。

2. break-all

它表示对所有溢出强行打断。它会打断任何溢出的词，完全不顾单词的完整性，见下方示例。

代码

```
<style>
  #box {
    max-width: 200px;
    background: lightgray;
  }

  p { word-break: break-all; }
</style>

<div id="box">
  <p>This is a loooooooooooooooooooooooooooooooooooooooooooooooong word.</p>
  <p>唧唧复唧唧木兰当户织不闻机杼声惟闻女叹息</p>
</div>
```

效果

This is a loooooooooooo
oooooooooooooooooooo
oooooooooong word.

唧唧复唧唧木兰当户织不闻
机杼声惟闻女叹息

在线演示 8-30

3. keep-all

它表示不区分语言，无差别保留溢出词，见下方示例。

代码

```
<style>
  #box {
    max-width: 200px;
    background: lightgray;
  }

  p { word-break: keep-all; }
</style>

<div id="box">
  <p>This is a loooooooooooooooooooooooooooooooooooooooooooooooong word.</p>
  <p>唧唧复唧唧木兰当户织不闻机杼声惟闻女叹息</p>
</div>
```

效果

This is a
loooooooooooooooooooooooooooooooooooooooooooooooong
word.

唧唧复唧唧木兰当户织不闻机杼声惟闻女叹息

在线演示 8-31

4. break-word

它会打断溢出词另起一行，见下方示例。

代码

```
<style>
  #box {
    max-width: 200px;
    background: lightgray;
  }

  p { word-break: break-word; }
</style>

<div id="box">
  <p>This is a loooooooooooooooooooooooooooooooooooooooooong word.</p>
  <p>唧唧复唧唧木兰当户织不闻机杼声惟闻女叹息</p>
</div>
```

效果

```
This is a
looooooooooooooooooo
oooooooooooooooooooo
ooong word.

唧唧复唧唧木兰当户织不闻
机杼声惟闻女叹息
```

在线演示 8-32

8.10 本章小结

文字是构成网页的关键，在指定文字样式时要考虑到文字的功能。如果是正文，则通常不建议添加太多花哨的样式，否则很可能华而不实，反而影响阅读。反之，如果是有特殊功能的文字，如标题、链接、帮助信息……则建议适当添加样式以突出功能，在视觉上与其他内容区别开来。

中文环境中的文字通常不会注意自动断行和断词的样式，这是由语言文化的差异导致的。所以在指定样式时要尽可能考虑到语言差异导致的样式差异。

第 9 章 字体

从 2009 年开始，浏览器开始广泛支持@font-face，即自定义字体。理论上，你可以使用任何一款你想使用的字体，但由于中文的特殊性，其组成语言的符号（即汉字）众多，导致字体文件占用的空间非常大，所以在中文环境中我们通常不使用自定义字体，而是使用用户机器上有的字体。

表 9-1 中列出了 Windows 中常用的自带字体。

表 9-1

中文名称	英文名称
黑体（中易黑体）	SimHei
楷体（中易楷体）	SimKai
宋体（中易宋体）	SimSun
微软雅黑	Microsoft YaHei
微软正黑	Microsoft JhengHei

代码

```
<style>
  .SimHei { font-family: SimHei; }
  .KaiTi { font-family: KaiTi; }
  .SimSun { font-family: SimSun; }
  .FangSong { font-family: FangSong; }
  .Microsoft-YaHei { font-family: "Microsoft YaHei"; }
  .Microsoft-JhengHei { font-family: 'Microsoft-JhengHei'; }
</style>

<p class="SimHei">黑体</p>
<p class="KaiTi">楷体</p>
<p class="SimSun">宋体</p>
<p class="FangSong">仿宋</p>
<p class="Microsoft-YaHei">微软雅黑</p>
<p class="Microsoft-JhengHei">微软正黑体</p>
```

效果	黑体 楷体 宋体 仿宋 微软雅黑 微软正黑体　　在线演示 9-1

表 9-2 中列出了 MacOS 中常用的自带字体。

表 9-2

中文	英文
华文黑体	STHeiti
华文楷体	STKaiti
华文宋体	STSong
华文仿宋	STFangsong

代码

```
<style>
  .STHeiti { font-family: STHeiti; }
  .STKaiti { font-family: STKaiti; }
  .STSong { font-family: STSong; }
  .STFangsong { font-family: STFangsong; }
</style>

<p class="STHeiti">华文黑体</p>
<p class="STKaiti">华文楷体</p>
<p class="STSong">华文宋体</p>
<p class="STFangsong">华文仿宋</p>
```

效果

华文黑体

华文楷体

华文宋体

华文仿宋

在线演示 9-2

字体需要依赖字体文件才能正确显示。而由于客户端或网络原因，字体文件并不是永远有效的。当浏览器找不到字体或无法正确加载字体时，就会使用备用字体（或默认字体）。不同的浏览器可能会采用不同的备用字体。这样做的好处是：无论如何都可以看到内容。对于用户来说这是最重要的。

9.1 字体族（字体家族）

在中文环境中，我们见得最多的字体可能就是宋体了，但事实上，“宋体”是一类字体（Font Family），而不是一种字体（Font Face）。而确切的字体如“中易宋体”“华文仿宋”“华文宋体”，我们称之为“Font Face”，它们都属于宋体字体族。

CSS 中定义了 5 类基础字体族。

1. Serif fonts

衬线体，通常指笔画前后带有装饰物的字体，如图 9–1 所示。如中文的宋体、西文的 Times。

2. Sans–serif fonts

非衬线体，通常指笔画前后没有装饰物的字体，如图 9–2 所示。如中文的黑体、西文的 Helvetica。

Yo, 王花花

图 9-1

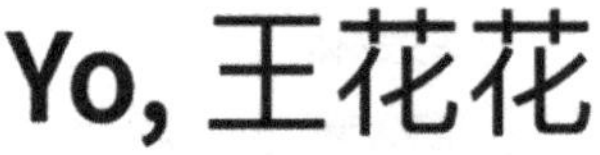

Yo, 王花花

图 9-2

3. Monospace fonts

等宽体，由于其每个字符占用的宽度相等，通常用于代码编写及显示，如图 9–3 所示。使用等宽字体保证了上下行字符是逐字母对齐的，也就保证了代码的整洁易读。常见的等宽体有 Menlo、Courier、Consolas 等。

4. Cursive fonts

手写体，模拟手写效果，通常用于副标题、引用等需要装饰性效果或强调手写效果的文字上，如图 9–4 所示。常见的手写体有 Author、Comic Sans 等。

图 9-3

Yo,whh

图 9-4

5. Fantasy fonts

浏览器会将所有无法分类至衬线体、非衬线体、等宽体、手写体的字体都归类到幻想体（Fantasy fonts）中，如图 9–5 所示。

Yo,whh

图 9-5

9.2 font-family——为文字指定字体

表 9-3 中列出了 font family 属性的性质。

表 9-3

性质	说明
默认值	取决于浏览器
作用于	所有元素
默认继承	是
可动画	否
值	<字体族>、<通用字体族>

可以将 font-family 属性指定为某种确切的字体：

```
font-family: SimHei; /* 中易黑体 */
```

也可以将其指定为某一类字体：

```
font-family: sans-serif; /* 非衬线体 */
```

提示：如果指定的是某一类字体（如 Sans-serif），则浏览器会帮我们自动选择一种字体，如 SimHei（黑体）或 STHeiti（华文黑体）。

font-family 属性是继承的，所以如果将<html>的 font -family 设为 Sans-serif，则页面中所有元素的字体都会变成 Sans-serif（除非明确指定例外情况，即覆盖继承样式），见下方示例。

代码

```
<style>
  html { font-family: sans-serif; }
</style>

<p>我是第一段</p>
<p>我是第二段</p>
<p style="font-family: serif;">我是第三段</p> <!-- 例外 -->
```

效果

我是第一段

我是第二段

我是第三段

在线演示 9-3

由于客户端字体文件的不确定性，font-family 属性一般会拥有多个值，见下方示例。

代码	```<style>```
	 ``` p { font-family:"Microsoft YaHei", SimHei; }```
	 ```</style>```
	
	 ```<p>王花花和小熊翻滚翻呀翻呀一二一</p>```

效果	**王花花和小熊翻滚翻呀翻呀一二一** 在线演示 9-4

提示：在前面的例子中你可能注意到 Microsoft YaHei 有引号，而 SimHei 没有引号。这是为什么呢？

因为前者中间有空格，而后者没有。这一点会在下面讲解。

1. 基础字体族的作用

font-family 的作用优先级是从左到右的。即，客户端会先作用上例中的 Microsoft YaHei（微软雅黑），如果存在就会直接使用它，否则就会使用 SimHei（黑体）。

但如果 SimHei 也不存在呢？这时基础字体族就派上用场了。由于 Microsoft YaHei 和 SimHei 都属于非衬线字体，所以我们可以在字体的最后追加 sans-serif 基础字体族：

```
font-family: "Microsoft YaHei", SimHei, sans-serif;
```

此时哪怕 Microsoft YaHei 和 SimHei 都不存在，客户端也会在现有字体中选一种非衬线字体来显示文字。这样无论情况如何，客户端都会尽最大努力保证字体接近设计初衷。

2. 引号的使用

不仅仅出现空格需要加引号，如果字体名称中出现特殊符号（#、$等）也要加引号，如 SomeFont$应该写为"SomeFont$"，否则客户端可能会忽略此字体（不同浏览器处理策略不同）。

使用引号还可以避免歧义。如果我们要使用的字体族恰好是基础字体族中的某个关键词，如 cursive，则添加引号就意味着明确指定了字体名称，而不是基础字体族关键词。

```
p   font-family   "cursive"   cursive
```

提示：单双引号均可在 font-family 中使用，其功能没有区别。不过在指定行内样式时要注意，HTML 属性的引号要跟 CSS 内部的引号区别开，见下方代码：

```
<p style="font-family: 'Microsoft YaHei'"></p> <!-- 外双内单 -->
<p style='font-family: "Microsoft YaHei"'></p> <!-- 外单内双 -->
```

9.3 @font-face——为文字指定确切的字体

从之前的章节中我们知道，Font Family 是字体族，而 Font Face 是确切的字体。一个 Font Family 中可能有多个 Font Face。而@font-face 正是用于定义某种确切字体的。

试想，如果我们想使用某种字体，但并不能保证每个用户的系统上都安装了那种字体，那想要确保完美加载字体应该怎么办呢？利用@font-face 属性可以轻松解决这个问题，整个思路如下。

（1）设置字体名称（比如 biao-mess）。

（2）指定字体文件的地址（就是真实字体的下载地址）。

（3）在之后需要用到此字体的地方指定 font-family: biao-mess。

下面看一个例子。

代码

```
<style>
  @font-face {
    font-family: 'biao-mess'; /* 自定义字体名称 */
    src: url('https://public.biaoyansu.com/biao-mess.ttf'); /* 字体文件地址
*/
  }

  p { font-family: biao-mess; font-weight: bold; font-size: 20px;}
</style>
```

效果

Yo, world

在线演示 9-5

1. 描述器

font-family 和 src 是定义字体的两个必填项，分别代表字体名称和字体地址。（为防止地址失效，src 可以指定多个。）

```
@font-face {
  font-family: "SomeFont";
  src: url("SomeFont.otf"),
  url("/backup/SomeFont.otf");
}
```

2. format()

由于无论是文件名还是文件后缀都不能准确定义字体格式，所以明确指定字体格式很有必要。我们可以通过 format()关键词来设置字体格式：

```
@font-face {
```

```
  font-family: "SomeFont";
  src: url("SomeFont.otf") format("opentype");
}
```

表 9-4 中列出了几种常见的字体格式。

表 9-4

值	对应的格式
embedded-opentype	EOT（内嵌式 OpenType）
opentype	EOT（OpenType）
svg	SVG（可伸缩矢量图形）
truetype	TTF（TrueType）
woff	WOFF（Web 开放字体）

3. local()

按照现有的样式规则，无论用户系统中是否存在此字体都会重新下载并加载。如何避免这个问题呢？我们可以使用 `local()`关键词来解决，见下方示例。

```
@font-face {
  font-family: "SomeFont";
  src: local("SomeFont") url("/fonts/SomeFont.otf");
}
```

上例中的 `local()`会让客户端首先在用户系统中寻找该字体（黑体），如果不存在则下载该字体。

`local()`还可以用于“重命名”字体，微软雅黑的 **Font-Family** 为 `Microsoft YaHei`，我们完全可以使用 `local()`将其重命名为 `YH`，见下方示例。

代码

```
<style>
@font-face {
  font-family: "YH";
  src: local("Microsoft YaHei");
}
p { font-family: YH; }
</style>

<p>李拴蛋和老熊吃面吃呀吃呀一二一</p>
```

效果

李拴蛋和老熊吃面吃呀吃呀一二一

在线演示 9-6

提示：@font-face 虽然功能强大，但是不同浏览器的实现有所不同（不同浏览器支持的字体格式不一定相同），所以通常情况下，如果要指定@font-face，则建议尽可能列出所有格式的文件地址：

```
@font-face {
  font-family: "SomeFont";
  src: url("SomeFont.eot"); /* IE9 */
  src: url("SomeFont.eot?#iefix") format("embedded-opentype") /* IE6-IE8 */,
  }
  url("SomeFont.woff") format("woff") /* 绝大多数现代浏览器 */,
  url("SomeFont.ttf") format("truetype") /* 绝大多数安卓及 iOS 设备*/,
  url("SomeFont.svg#some_font") format("svg") /* 早期 iOS 设备 */;
}
```

这种方式在字体生成阶段工作量大，但是兼容性是最好的。

9.4 font-weight——为字体指定粗细

font-weight 属性用于指定字体的粗细，这个属性在之前的例子中用到过。最常用的两个值是 normal（正常）和 bold（粗体）。

◎ normal 是默认值，字体粗细适中。
◎ bold 会加粗字体。但 font-weight 提供的功能其实要细致得多。

在字体设计领域，字重被分为 9 级，通常是 100、200、300、…、900。如果使用的字体真的有 9 级，那么 100～900 会按从细到粗一一映射上去，见下方示例。

代码

```
<style>
  @import "https://public.biaoyansu.com/font/Roboto/font.css";

  body {font-family: 'Roboto', sans-serif; font-size: 20px;}
  .w-1 {font-weight: 100;}
  .w-2 {font-weight: 200;}
  .w-3 {font-weight: 300;}
  .w-4 {font-weight: 400;}
  .w-5 {font-weight: 500;}
  .w-6 {font-weight: 600;}
  .w-7 {font-weight: 700;}
  .w-8 {font-weight: 800;}
  .w-9 {font-weight: 900;}
</style>

<span class="w-1">Yo</span>
<span class="w-2">Yo</span>
<span class="w-3">Yo</span>
<span class="w-4">Yo</span>
<span class="w-5">Yo</span>
<span class="w-6">Yo</span>
```

```
<span class="w-7">Yo</span>
<span class="w-8">Yo</span>
<span class="w-9">Yo</span>
```

效果

Yo Yo Yo **Yo Yo Yo Yo Yo Yo**

在线演示 9-7

由于每一套字重通常需要对部分（甚至所有）文字进行有针对性的调整，这就导致了字重划分越细致，字体设计师的工作量就越大。所以大部分非专业字体的字重并未划分为 9 级，而是 5 级甚至 3 级。对于这种情况，我们仍可以使用 9 级来指定字重，因为浏览器会帮我们挑选一种最接近的字重。

如果想精确地控制字重映射，则需要为其分别设置`@font-face`。比如，`Jura` 字体一共只划分了 5 种字重，我们可以先在`@font-face` 里分别设置这 5 种字重，然后在文档中使用这 5 种字重，见下方示例。

代码

```
<style>
  /*300*/
  @font-face {
    font-family: 'Jura';
    font-weight: 100;
        src:     local('Jura     Light'),     local('Jura-Light'),
url(https://public.biaoyansu.com/font/Jura/Jura-Light.ttf);
  }

  /*400*/
  @font-face {
    font-family: 'Jura';
    font-weight: 300;
        src:     local('Jura     Regular'),     local('Jura-Regular'),
url(https://public.biaoyansu.com/font/Jura/Jura-Regular.ttf);
  }

  /*500*/
  @font-face {
    font-family: 'Jura';
    font-weight: 500;
        src:     local('Jura     Medium'),     local('Jura-Medium'),
url(https://public.biaoyansu.com/font/Jura/Jura-Medium.ttf);
  }

  /*600*/
  @font-face {
    font-family: 'Jura';
    font-weight: 700;
        src:     local('Jura     SemiBold'),     local('Jura-SemiBold'),
```

```
url(https://public.biaoyansu.com/font/Jura/Jura-SemiBold.ttf);
    }

    /*700*/
    @font-face {
      font-family: 'Jura';
      font-weight: 900;
                src:      local('Jura      Bold'),      local('Jura-Bold'),
url(https://public.biaoyansu.com/font/Jura/Jura-Bold.ttf);
    }

    body {
      font-family: 'Jura' sans-serif;
      font-size: 20px;
    }

    .w-1 { font-weight: 100; }
    .w-3 { font-weight: 300; }
    .w-5 { font-weight: 500; }
    .w-7 { font-weight: 700; }
    .w-9 { font-weight: 900; }
  </style>

<span class="w-1">Yo</span>
<span class="w-3">Yo</span>
<span class="w-5">Yo</span>
<span class="w-7">Yo</span>
<span class="w-9">Yo</span>
```

效果

Yo Yo Yo Yo Yo

在线演示 9-8

9.5 font-size——为字体指定大小

为字体指定大小可以使用任何合法的长度单位，如我们最常用到的 px，见下方示例。

代码

```
<style>
  p { font-size: 20px; }
</style>

<p>Yo</p>
```

效果

Yo

在线演示 9-9

除明确的值和单位外，font-size 也支持以下关键词。

◎ xx-small：超超小。
◎ x-small：超小。
◎ small：小。
◎ medium：中。
◎ large：大。
◎ x-large：超大。
◎ xx-large：超超大。

1. 绝对尺寸

无论是 px、关键词还是其他数值单位组合，都属于绝对尺寸。

这类尺寸的大小是固定的。比如 10px 在任何情况下都是 10px，与其所在的环境无关，见下方示例。

代码

```
<style>
  .small { font-size: small; }
  .large { font-size: large; }
</style>

<p class="small">Yo</p>
<p>Yo</p>
<p class="large">Yo</p>
```

效果

Yo

Yo

Yo

在线演示 9-10

2. 相对尺寸

关键词中有以下两个相对尺寸值。

◎ smaller：更小。
◎ larger：更大。

它们和百分比都属于相对尺寸，即它们的大小取决于它们的参照物的值。这个参照物通常是它们的父级元素（或最近的指定了 font-size 的祖先元素），见下方示例。

代码

```
<style>
  .a { font-size: 10px; } /* 参照物 */
  .b { font-size: 30px; } /* 参照物 */
  .smaller { font-size: smaller; } /* 相对更小 */
  .larger { font-size: larger; } /* 相对更大 */
</style>
```

```
<div class="a">
  <p class="smaller">Yo</p>
  <p>Yo</p>
  <p class="larger">Yo</p>
</div>
<div class="b">
  <p class="smaller">Yo</p>
  <p>Yo</p>
  <p class="larger">Yo</p>
</div>
```

效果

Yo

Yo

Yo

Yo

Yo

Yo

在线演示 9-11

百分比的参照物同样是父级元素，只不过可以精确指定字体大小的缩放比例，见下方示例。

代码

```
<style>
  .my-larger { font-size: 150%; }
</style>

<p>Yo</p>
<p class="my-larger">Yo</p>
```

效果

Yo

Yo

在线演示 9-12

9.6　本章小结

在字体的选择上，要先确定基础字体族，因为不同的字体可以给用户不同的感受。例如，凸显科技感的网站通常会选择非衬线体，而传统艺术或严肃学术网站通常会选择衬线体。在字体族的选择上不宜过多，否则容易显得内容杂乱无序。

为防止指定的字体不存在，建议在指定字体时永远在最后指定基础字体族。例如，要使用非衬线体的微软正黑，则可以在最后加 `sans-serif`：

```
font-family: "Microsoft JhengHei", sans-serif;
```

要使用衬线字体的中易宋体，则可以在最后加 `serif`：

```
font-family: SimSun, serif;
```

第 10 章

框模型——所有元素都有四个框

在网页中，所有的元素都是方块（矩形）。虽然在大部分情况下这些方块是不可见的，比如下方的<div>元素。

代码

```
<div>Yo.</div>
```

效果

Yo.

在线演示 10-1

虽然看不到方块的边界，但并不代表方块不存在。在大部分元素的默认设置情况下，我们只能看到其中的文字或图片（即内容本身）。但如果我们给它加上其他样式，如背景色、边框等能够体现其边界的属性，则方块就会显现出来，见下方示例。

代码

```
<style>
  div { background: #ccc; }
</style>

<div>Yo.</div>
```

效果

Yo.

在线演示 10-2

无论这个方块是否可见，我们都要清楚地知道它就在那里。

10.1　识框模型

每个方块都有四个组成部分，我们将其称为框模型（或盒模型）。由内而外分别是内容区（`content area`）、内边距（`padding`）、外边距（`margin`）、边框（`border`）。

图 10-1 是 CSS 框模型参考图。

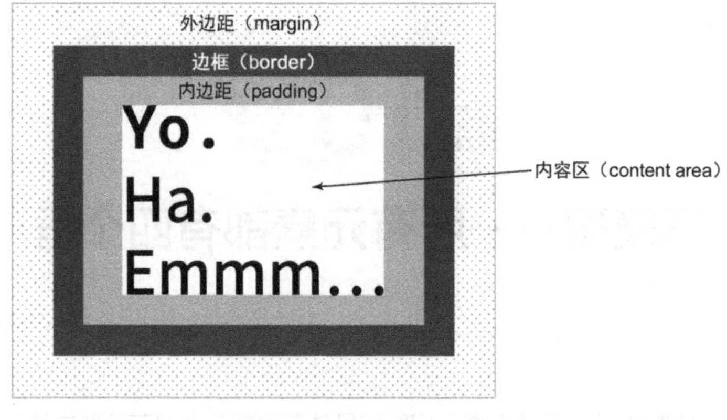

图 10-1

10.2 内容区

内容区用于存放文字、图片、子元素等核心内容，如图 10-2 所示。

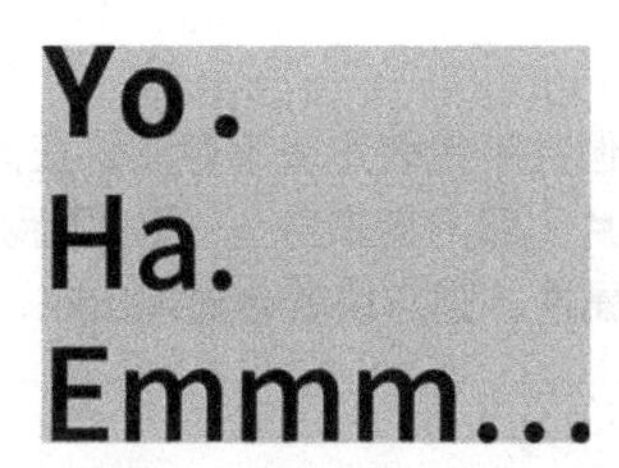

图 10-2

正因为内容区是存放核心内容的，所以内容区在框模型中也是最重要的。默认说的“元素的宽度”就是指内容区的宽度。

代码

```
<style>
  div {
    width: 100px;
    background: #ccc;
  }
</style>

<div>Yo.</div>
```

效果

Yo.

在线演示 10-3

10.3 padding——内边距

`padding` 用于指定元素的“胖瘦”，在视觉上扩充内容区。表 10-1 中列出了 `padding` 的基本性质。

表 10-1

性质	说明
默认值	0
作用于	所有元素（除了 table-row-group、table-header-group、table-footer-group、table-row、table-column-group、table-column）
默认继承	否
值	<长度>、<百分比>

padding 是围在内容区四周的、专门用于指定“胖瘦”的填充物。加了内边距的方块如图 10-3 所示。

很明显，方块“胖”了一点，看上去也更舒适了一些。我们将这一圈“脂肪”（内边距）用深色示意，如图 10-4 所示。

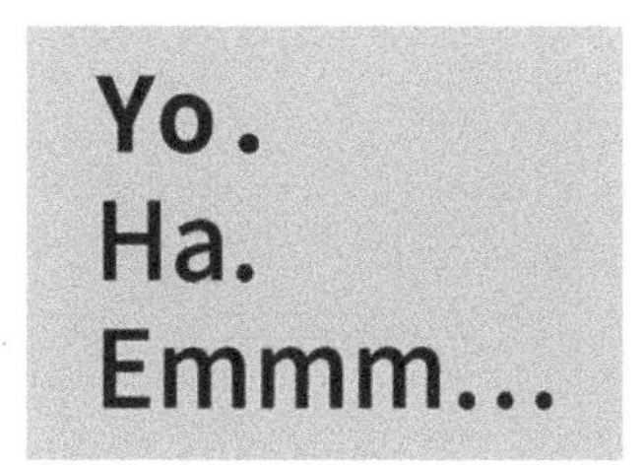

图 10-3

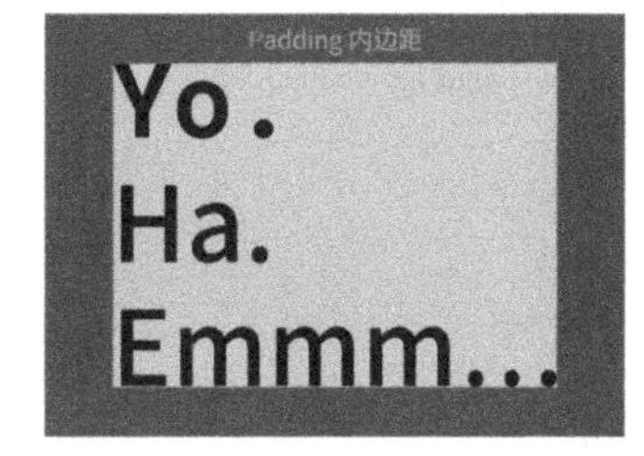

图 10-4

padding 属性是统一指定内边距的快捷方式，指定的值数量不同其意义也不同。见下方示例。

代码

```
<style>
  div {
    width: 3em;
    height: 3em;
    background: #ccc;
    border: solid;
    margin: 5px;
  }

  #a {
    /*上下左右都是 10px*/
    padding: 10px;
  }

  #b {
    /*上下为 10px 左右为 30px*/
    padding: 10px 30px;
```

```
    }

    #c {
      /*顺时针指定  上 10px 右 20px 下 30px 左 40px*/
      padding: 10px 20px 30px 40px;
    }

    #d {
      /*只有左边距是 10px*/
      padding-left: 10px;
    }

    #e {
      /*所有边距都为 10px*/
      padding: 10px;
      /*除了左边距为 50px*/
      padding-left: 50px;
    }
  </style>

<div id="a">A</div>
<div id="b">B</div>
<div id="c">C</div>
<div id="d">D</div>
<div id="e">E</div>
```

效果

在线演示 10-4

提示：内边距的背景色是直接继承内容区背景色的，事实上，上面效果图中的黑边是无法通过 padding 做到的，padding 的唯一作用就是在视觉上扩充内容区。如果想控制内边距的颜色和风格，则需要设置 border 属性。

10.4　border——边框

边框是元素可见部分的最外层，可指定宽度、颜色和风格，如图 10-5 所示。

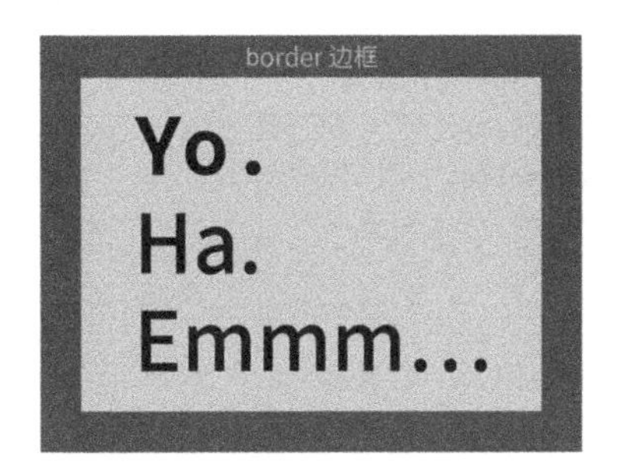

图 10-5

表 10-2 中列出了 border 的基本性质。

表 10-2

性质	说明
默认值	medium none currentcolor
作用于	所有元素
默认继承	否
值	<线宽>、<线风格>、<颜色>

border 属性由 3 部分组成：border-width、border-style 和 border-color。可以分别指定这 3 项，也可以使用以下简写形式，见下方示例。

代码

```
<style>
  #a { border: medium solid black; } /* 简写形式 */

  #b {
    border-width: medium;
    border-style: solid;
    border-color: black;
  }
</style>

<span id="a">A</span>
<span id="b">B</span>
```

效果

A B

在线演示 10-5

border 属性非常灵活，你可以明确地指定每一个值，也可以指定两个值，甚至一个值，值的顺序不重要，见下方示例。

代码

```
<style>
  #a { border: medium solid black; } /* 3 个值 */
  #b { border: solid black; } /* 两个值 */
  #d { border: black solid; } /* 颠倒两个值 */
  #c { border: solid; } /* 1 个值 */
</style>

<span id="a">A</span>
<span id="b">B</span>
<span id="c">C</span>
<span id="d">D</span>
```

效果

A B C D

在线演示 10-6

如果省略 border-style，则边框将不可见，因为 border-style 默认为 none，见下方示例。

代码

```
<style>
  #a { border: medium black; } /* 此时 border-style 为 none */
</style>

<span id="a">A</span>
```

效果

A

在线演示 10-7

border 有一个重要的属性——border-radius（圆角边框）。

表 10-3 中列出了 border-radius 的基本性质。

表 10-3

性质	说明
默认值	0
作用于	所有元素
默认继承	否
值	<长度>、<百分比>

框模型的四角通常是由两条边构成的直角，有明确的顶点，如图 10-6 所示。

将四个角打磨成圆形，可以创造另一种视觉感受，通常会让元素更加有亲和力，如图 10-7 所示。

我是个框框。

图 10-6

我是个萌框框。

图 10-7

border-radius 就是用来指定这个圆角有多“圆”的。border-radius 越大，则四角就越圆滑。图 10-8 中展示了圆角边框。

图 10-8

border-radius 也可以分别设置每一个角的圆角大小，见下方示例。

代码

```
<style>
    #box {
      border: solid;

      /*顺时针指定  左上 0 右上 10px 右下 20 左下 30px*/
      border-radius: 0 10px 20px 30px;
    }
</style>

<div id="box">我是个怪框框。</div>
```

效果

我是个怪框框。

在线演示 10-8

10.5　margin——外边距

margin 用于推开周围的元素，如图 10-9 所示。

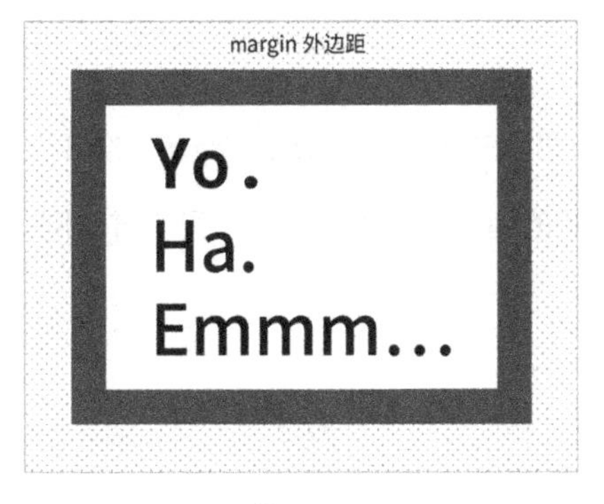

图 10-9

表 10-4 中列出了 `margin` 的基本性质。

表 10-4

性质	说明
默认值	0
作用于	所有元素
默认继承	否
值	auto、<长度>、<百分比>

外边距是无法作用背景色的。它的作用是，单纯地把周围的元素“推开”，从而创造一定的空隙，就像房子与房子之间的过道一样。

代码

```
<style>
  .box {
    width: 5em;
    height: 5em;
    background: #aaa;
    float: left;
    margin: 30px;
  }
</style>
Lorem ipsum dolor sit amet, consectetur adipisicing elit. Blanditiis cupiditate debitis dolorum modi porro praesentium rerum? Dolorum eius inventore molestias neque <div class="box"></div> nobis non nulla obcaecati, odit pariatur possimus sit, suscipit...
```

效果

Lorem ipsum dolor sit amet, consectetur adipisicing elit. Blanditiis cupiditate debitis dolorum modi porro praesentium rerum? Dolorum eius inventore molestias neque nobis non nulla obcaecati, odit pariatur possimus sit, suscipit. Lorem ipsum dolor sit amet, consectetur adipisicing elit. Ipsum nostrum, odio perspiciatis provident recusandae totam? Aspernatur atque dolores doloribus in ipsa iusto magni, nihil porro quisquam sed sit tenetur unde? Dolorum eius inventore molestias neque nobis non nulla obcaecati, odit pariatur possimus sit, suscipit. Lorem ipsum dolor sit amet, consectetur adipisicing elit. Ipsum nostrum, odio perspiciatis provident recusandae totam? Aspernatur atque dolores doloribus in ipsa iusto magni, nihil porro quisquam sed sit tenetur unde?

在线演示 10-9

在上面示例中，`.box` 周围的空隙就是通过 `margin`“推开”的。

同内边距一样，外边距的指定方式也有多种，见下方示例。

代码

```
  <style>
    div {
      width: 3em;
      height: 3em;
      background: #ccc;
      border: solid;
    }

    #a {
      /*上下左右都是 10px*/
      margin: 10px;
    }

    #b {
      /*上下为 10px 左右为 30px*/
      margin: 10px 30px;
    }

    #c {
      /*顺时针指定  上 10px 右 20px 下 30px 左 40px*/
      margin: 10px 20px 30px 40px;
    }

    #d {
      /*只有左边距是 10px*/
      margin-left: 10px;
    }

    #e {
      /*所有边距都为 10px*/
      margin: 10px;
      /*除了左边距为 50px*/
      margin-left: 50px;
    }
  </style>

<div id="a">A</div>
<div id="b">B</div>
<div id="c">C</div>
<div id="d">D</div>
<div id="e">E</div>
```

10.6 本章小结

网页中的一切都是框。初学者最常犯的错误就是不会概括。随着页面内容越来越多，布局越来越复杂，很容易迷失在细节中，而忘记了和我们打交道的是一个个嵌套的框。

在布局的过程中，要先清醒地意识到自己目前在哪个框上工作，然后单纯地审视这个框自身的属性就会清晰很多。

第 11 章 框的其他相关样式

11.1 outline——轮廓

outline 通常用于在视觉上突出某个元素，比如当前聚焦元素。表 11-1 中列出了 outline 的基本性质。

表 11-1

性质	说明
默认值	invert none medium
作用于	所有元素
默认继承	否
值	<轮廓颜色>、<轮廓风格>、<轮廓宽度>

代码

```
<style>
  span { outline: solid; }
</style>

<span>Yo</span>
```

效果

Yo

在线演示 11-1

乍一看，outline 与 border 好像区别不大，甚至在视觉上没有任何区别，但它们的动机不同，border 属于元素本身，而 outline 不属于元素本身。因为无论 outline 怎么变，都不会影响元素的大小和位置。这就决定了 outline 永远要更“表面”、更“临时”一些。

正因为如此，outline 通常用于高亮或突出显示元素。比如，虽然页面中的按钮可能有很多，但是在任何时间点聚焦按钮只有一个。在这种情况下，我们就可以给聚焦按钮加上 outline 以突出显示它，见下方示例。

代码

```
<style>
  button:focus { outline: 2px solid #4385f4; }
</style>
```

	``` <button>A</button> <button>B</button> <button>C</button> ```
效果	单击按钮后，按钮会变成下图这样。 A B C 在线演示 11-2

11.2 color——文字颜色

Color 属性用来指定文字颜色。表 11-2 中列出了 color 属性的基本性质。

表 11-2

性质	说明
默认值	取决于浏览器
作用于	所有元素
默认继承	是
值	<颜色>

代码

```
<style>
  .lightgray { color: #bbb; }
  .darkgray { color: #555; }
  .black { color: black; }
</style>

<p class="lightgray">浅灰</p>
<p class="darkgray">深灰</p>
<p class="black">黑</p>
```

效果

浅灰

深灰

黑

在线演示 11-3

文字颜色默认继承，这样就省得我们每创建一个元素都要指定一次字体颜色。如果有特殊的元素需要作用不同颜色，则只需要明确为其指定 color 属性，将继承样式覆盖即可，见下方示例。

代码

```
<style>
  /*继承开始*/
  article { color: #666; }
```

```
    /*覆盖继承样式*/
    .black { color: black; }
  </style>

  <article>
    <p>让别人用软件，能折磨他<span class="black">一整天</span>；想折磨他<span
  class="black">一辈子</span>，那就教他写软件。</p>
  </article>
```

效果

让别人用软件，能折磨他**一整天**；想折磨他**一辈子**，那就教他写软件。

在线演示 11-4

11.3 background——背景

Background 属性管理用来指定元素背景（颜色、图片、尺寸等）。

背景的作用范围横跨内容区、内边距和边框，且边框也是画在背景上的，如图 11-1 所示。

图 11-1

background 属性是多种背景属性的快捷属性，可以一次指定多个属性，见下方示例。这些属性包括 background-clip、background-color、background-image、background-origin、background-position、background-repeat、background-size、background-attachment。下面将详细介绍最常用的 5 个。

代码

```
  <style>
    /*指定颜色*/
    .a { background: lightgray; }

    /*指定背景图*/
    .b { background: url(https://public.biaoyansu.com/bg-light-flower.png); }

    /*指定背景图，不重复背景图*/
    .c  {  background:  url(https://public.biaoyansu.com/bg-light-flower.png)
```

```
no-repeat; }

  /*指定背景图，不重复背景图，居中，缩放 10%*/
  .d  {  background:  url(https://public.biaoyansu.com/bg-light-flower.png)
no-repeat center/10%; }
</style>

<p class="a">A</p>
<p class="b">B</p>
<p class="c">C</p>
<p class="d">D</p>
```

效果

A

B

C

D

在线演示 11-5

1. background-color——背景颜色

它用于指定背景颜色。表 11-3 中列出了 background-color 的基本性质。

表 11-3

性质	说明
默认值	transparent
作用于	所有元素
默认继承	否
值	<颜色>

代码

```
<style>
  .a { background-color: transparent }
  .b { background-color: lightgray; }
  .c { background-color: #aaa }
</style>

<p class="a">A</p>
<p class="b">B</p>
<p class="c">C</p>
```

效果

A

B

C

在线演示 11-6

2. background-image——背景图片

它用于指定背景图片。表 11-4 中列出了 background-image 的基本性质。

表 11-4

性质	说明
默认值	none
作用于	所有元素
默认继承	否
值	none、<图片>

下面示例中添加了单个背景图片。

代码

```
<style>
  h1 { background-image: url(https://public.biaoyansu.com/bg-sm-1.png); }
</style>

<h1>Yo</h1>
```

效果

Yo

在线演示 11-7

下面示例中添加了多个背景图片。

代码

```
<style>
  h1 {
    background-image:
      url(https://public.biaoyansu.com/bg-sm-1.png),
      url(https://public.biaoyansu.com/bg-sm-2.png);
  }
</style>

<h1>Yo</h1>
```

效果

Yo

在线演示 11-8

3. background-repeat——背景重复

它用于指定背景图片的重复方式。表 11-5 中列出了 background-repeat 的基本性质。

表 11-5

性质	说明
默认值	repeat
作用于	所有元素
默认继承	否
值	no-repeat、repeat、repeat-x、repeat-y、space、round

◎ no-repeat：不重复。

代码

```
<style>
  div {
    width: 100px;
    height: 100px;
    border: solid;
    background-image: url(https://public.biaoyansu.com/bg-sm-1.png);
    background-repeat: no-repeat;
  }
</style>

<div></div>
```

效果

在线演示 11-9

◎ Repeat：重复。

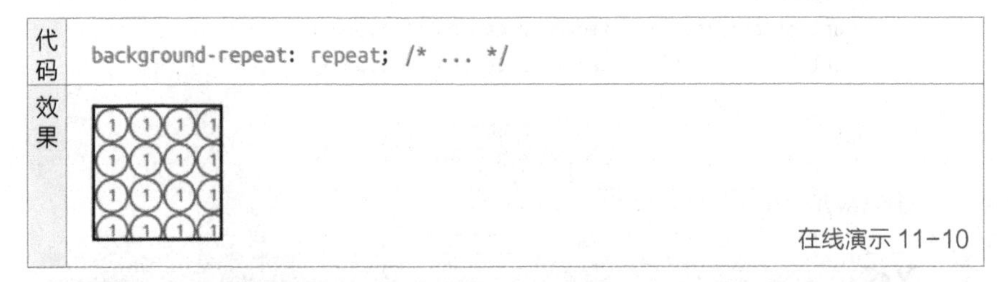

在线演示 11-10

◎ repeat-x：横向重复。

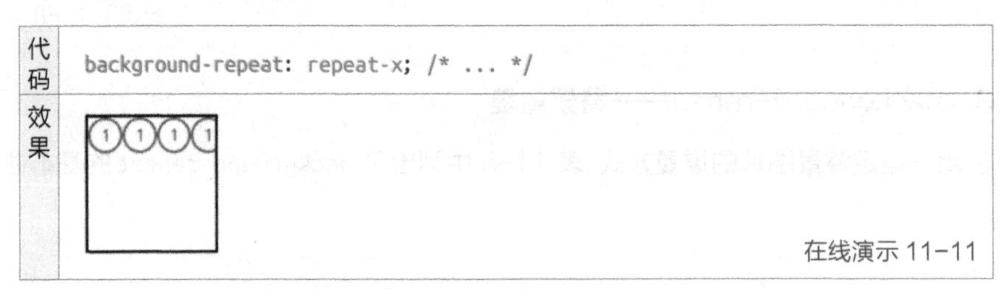

在线演示 11-11

◎　repeat-y：纵向重复。

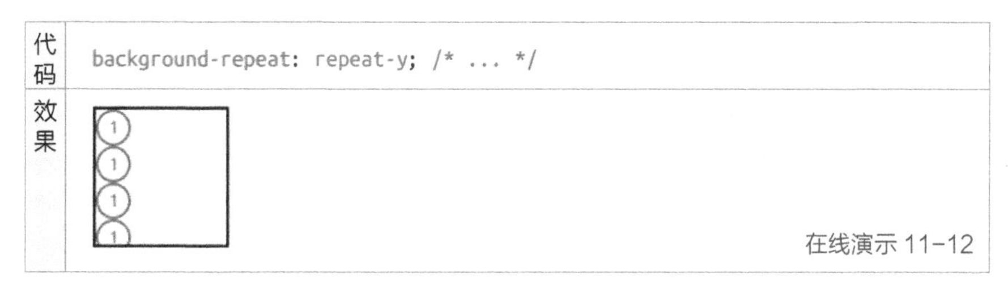

代码

```
background-repeat: repeat-y; /* ... */
```

效果

在线演示 11-12

◎　space：重复并均分空隙。

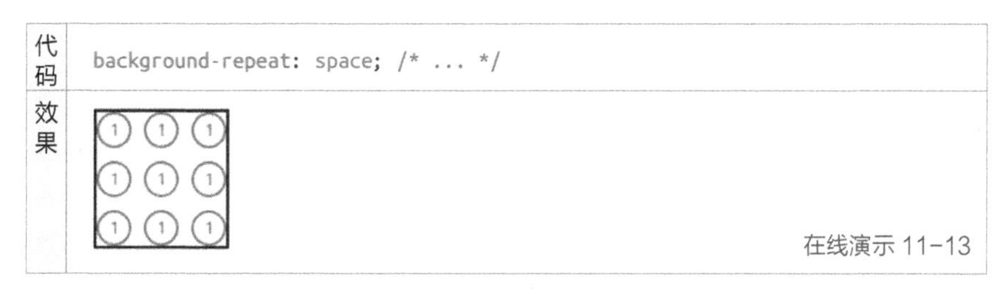

代码

```
background-repeat: space; /* ... */
```

效果

在线演示 11-13

◎　round：重复并通过缩放图片充分填充容器。

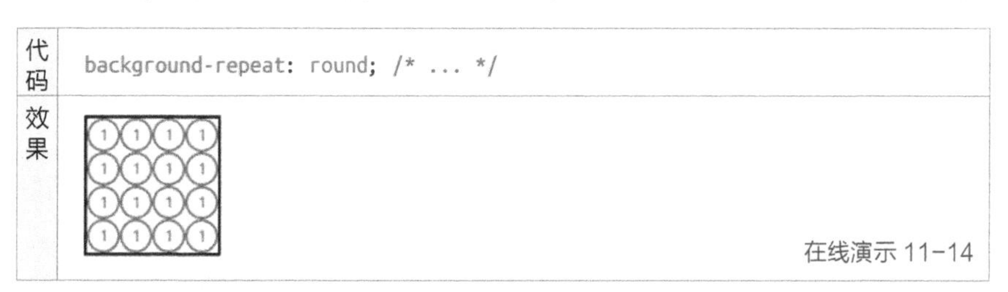

代码

```
background-repeat: round; /* ... */
```

效果

在线演示 11-14

4. background-position——背景定位

它用于指定背景图片的初始位置。表 11-6 中列出了 background- position 的基本性质。

表 11-6

性质	说明
默认值	0 0
作用于	所有元素
默认继承	否
值	center、top、left、bottom、right、<长度>、<百分比>

◎　使用位置关键词指定位置。

代码

```
<style>
  div {
```

	`width: 100px;`
	`height: 100px;`
	`border: solid;`
	`background-image: url(https://public.biaoyansu.com/bg-sm-1.png);`
	`background-repeat: no-repeat;`
	`background-position: bottom right;`
	`}`
	`</style>`
	
	`<div></div>`

效果	在线演示 11-15

◎ 居中。

```
/* 等于 center center */
background-position: center; /* ... */
```

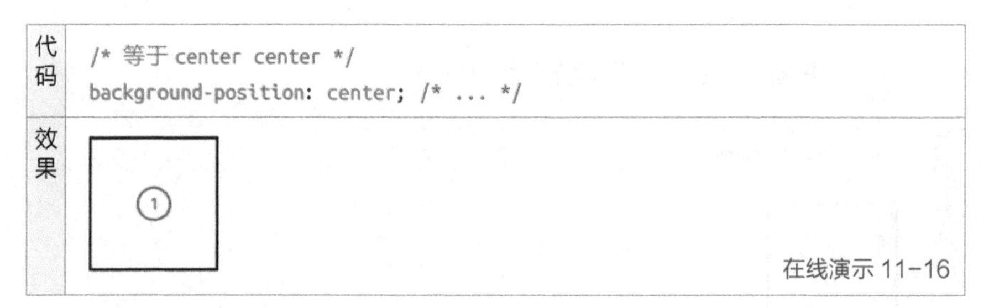

在线演示 11-16

◎ 使用数值指定位置。

```
background-position: 30px 20%; /* ... */
```

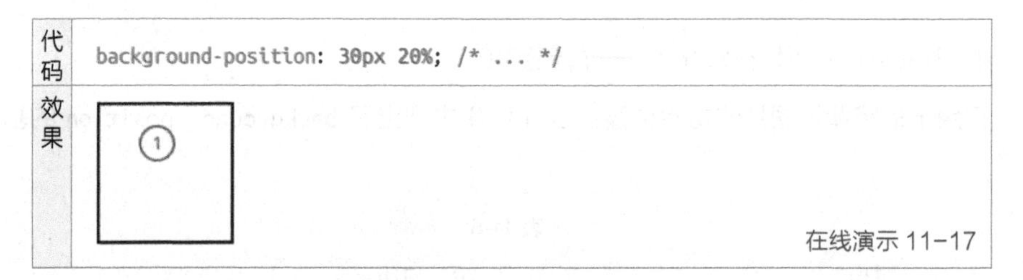

在线演示 11-17

5. background-clip——背景剪裁

它指定背景作用至哪一级（边框、内边距、内容区）。表 11-7 中列出了 `background-clip` 的基本性质。

表 11-7

性质	说明
默认值	border-box
作用于	所有元素

续表

性质	说明
默认继承	否
值	border-box、padding-box、content-box、text

默认情况下，背景图片会作用至边框，即背景图会充分填充元素所有的可见区域。如果只想让边框、内边距、内容区中的某一部分作用背景图片，则可以使用 background-clip 来限制背景的作用范围，见下方示例。

代码

```
<style>
  div {
    width: 100px;
    height: 100px;
    padding: 20px;
    border: 10px dashed;
    background: #aaa;
    margin: 10px;
  }

  /*仅在 Padding 以内作用背景样式*/
  #b { background-clip: padding-box; }

  /*仅在内容区作用背景样式*/
  #c { background-clip: content-box; }
</style>

<div id="a"></div>
<div id="b"></div>
<div id="c"></div>
```

效果

在线演示 11-18

11.4 box-sizing——框尺寸

box-sizing 它用来指定元素的宽度从哪里算起。表 11-8 中列出了 box-sizing 的基本性质。

表 11-8

	说明
默认值	content-box
作用于	所有接受 width 和 height 属性的元素
默认继承	否
值	content-box、padding-box、border-box

box-sizing 共有 3 个值：content-box、padding-box 和 border-box，由内到外分别对应着内容区、内边距、外边距。

框模型中的可见部分是从内容区开始的连续 3 级：内容区、内边距和边框。那么一个元素的尺寸（宽高）到底是从哪一级开始算呢？在默认情况下，元素宽度从内容区算起。这就意味着，在默认情况下，如果将一个元素的宽度定为 100px，则这个元素的内容区宽度也为 100px，内边距、边框都不算入宽度，见下方示例。

代码

```
<style>
  #box {
    width: 100px;
    height: 100px;
    background: #000;

    /* 虽然元素在视觉上更"胖"了，但是内边距并没有算入宽度 */
    padding: 20px;
  }
</style>

<div id="box"></div>
```

效果

在线演示 11-19

这会带来一个问题——总宽度不好控制。尤其是在需要保证其他样式的灵活性的同时精确地控制元素宽度。比如，有一个母元素内部有两个子元素，我们希望两个元素能平均分配母元素的宽度：

代码

```
<style>
  #parent {
    border: solid #666;
    width: 200px;
  }

  #a, #b {
    width: 50%;
    height: 100px;
    /*由于 block 元素会占满整个宽，所以我们将其设为 inline-block，让其自由流动*/
    display: inline-block;
  }

  #a { background: #bbb; }
  #b { background: #777; }
</style>

<div id="parent">
  <div id="a">我是 A</div><!--
  此处的注释是为了清除两个元素间的断行，因为行内块元素会渲染它们之间的空白字符
  --><div id="b">我是 B</div>
</div>
```

效果

在线演示 11-20

如果此时我们想给#a 添加一点边框，那情况就比较棘手了：

代码

```
#a {
  background: #bbb;
  border: 5px dashed black;
} /* ... */
```

效果

在线演示 11-21

我们发现，虽然 A 有了边框，但是 A 和 B 不再并排显示了。由于边框的添加，导致两个元素的总宽度大于父级元素，B 被 A 挤下去了。可是在大部分情况下，这不是我们想要的，我们希望边框能够蚕食现有空间（往内收），而不是扩张现有空间（往外渗）。

要解决这个问题很简单，只需要让宽度从边框算起即可，见下方示例。

代码

```
#a, #b {
  /* ... */

  /* 宽度从边框算起 */
  box-sizing: border-box;
}
```

效果

在线演示 11-22

此时，给两个元素加内边距也没有关系，因为 border-box 也包含 padding-box。

11.5 box-shadow——框阴影

它用来为元素添加阴影效果。表 11-9 中列出了 box-shadow 的基本性质。

表 11-9

性质	说明
默认值	none
作用于	所有元素
默认继承	否
值	inset、<偏移-x>、<偏移-y>、<羽化半径>

图 11-2 是一个没有阴影的元素，图 11-3 是一个有阴影的元素。

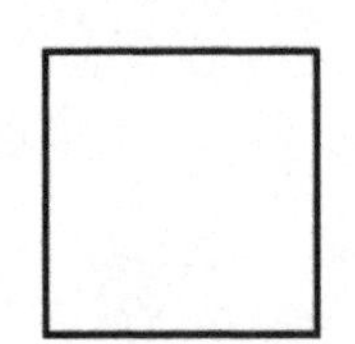

图 11-2 在线演示 11-23

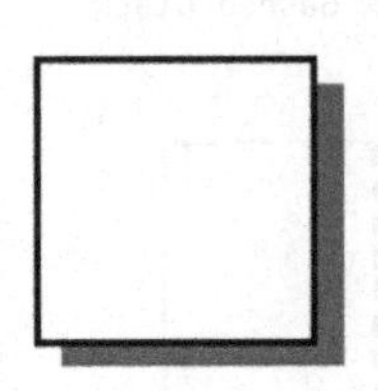

图 11-3 在线演示 11-24

box-shadow 的语法如下：

```
box-shadow:内投影 横向偏移 纵向偏移 羽化 缩放 颜色;
```

1. 向内/外投影

如果不指定 inset，则默认向外投影，见下方示例。

代码

```
<style>
  .shadow {
    box-shadow: 10px 10px rgba(0, 0, 0, .6);
    width: 5em;
    height: 5em;
    border: solid;
  }
</style>

<div class="shadow"></div>
```

效果

在线演示 11-25

如果指定了 inset，则向内投影，见下方示例。

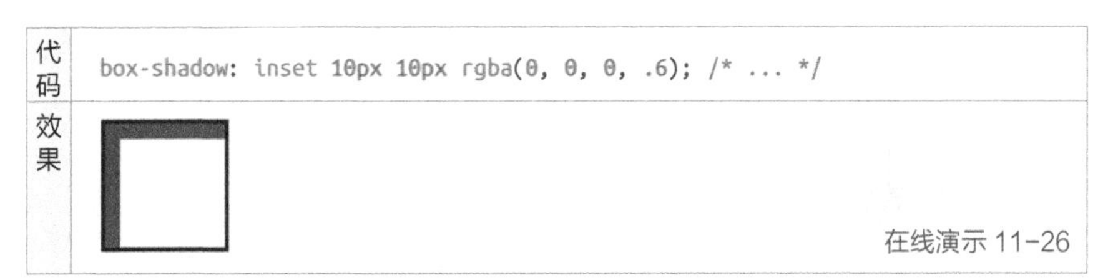

代码

```
box-shadow: inset 10px 10px rgba(0, 0, 0, .6); /* ... */
```

效果

在线演示 11-26

2. 横向偏移

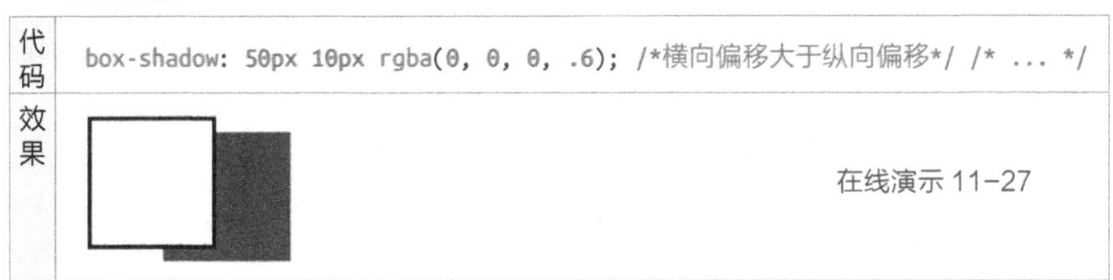

代码

```
box-shadow: 50px 10px rgba(0, 0, 0, .6); /*横向偏移大于纵向偏移*/ /* ... */
```

效果

在线演示 11-27

3. 纵向偏移

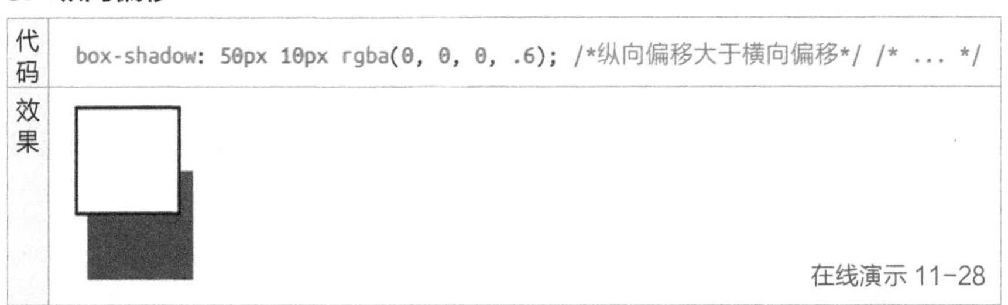

代码

```
box-shadow: 50px 10px rgba(0, 0, 0, .6); /*纵向偏移大于横向偏移*/ /* ... */
```

效果

在线演示 11-28

4. 羽化（过渡）

它用来指定阴影过渡的大小。数值越大，则阴影越柔和。

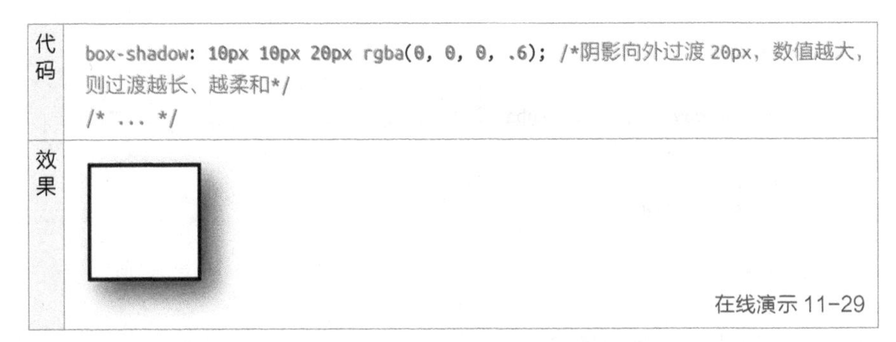

代码	
	box-shadow: 10px 10px 20px rgba(0, 0, 0, .6); /*阴影向外过渡 20px，数值越大，则过渡越长、越柔和*/ /* ... */
效果	在线演示 11-29

5. 缩放

它用来缩放阴影大小。正值为增大，负值为缩小。

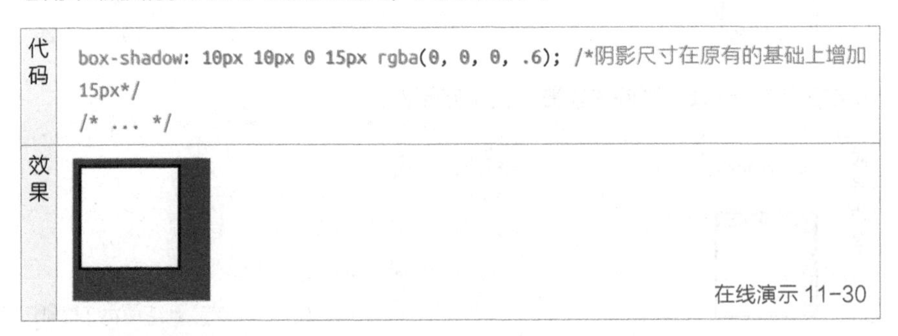

代码	
	box-shadow: 10px 10px 0 15px rgba(0, 0, 0, .6); /*阴影尺寸在原有的基础上增加 15px*/ /* ... */
效果	在线演示 11-30

11.6 overflow——溢出

它解决了“当容器放不下内容时”应该如何处理的问题。表 11-10 中列出了 overflow 的基本性质。

表 11-10

性质	说明
默认值	visible
作用于	所有元素
默认继承	否
值	visible、hidden、scroll、auto

overflow 的默认值为 visible，即当内容超出容器尺寸时溢出显示，见下方示例。

代码

```
<style>
  p {
    overflow: visible; /*默认值，无须指定*/
```

```
    width: 10em;
    height: 10em;
    border: solid;
  }
</style>

<p>
  Lorem ipsum dolor sit amet, consectetur adipisicing elit. Dolorum est repudiandae vero! Ab accusamus est repudiandae vero! Ab accusamus alias, aliquam atque beatae cupiditate dolorum et libero magni modi perspiciatis repellat similique sit, ut veniam!
</p>
```

效果

Lorem ipsum dolor
sit amet, consectetur
adipisicing elit.
Dolorum est
repudiandae vero! Ab
accusamus est
repudiandae vero! Ab
accusamus alias,
aliquam atque
beatae cupiditate
dolorum et libero

在线演示 11-31

下面介绍其他几个值。

1. Hidden——溢出部分将被隐藏

代码

```
overflow: hidden; /*隐藏溢出部分*/ /* ... */
```

效果

Lorem ipsum dolor
sit amet, consectetur
adipisicing elit.
Dolorum est
repudiandae vero! Ab
accusamus est
repudiandae vero! Ab

在线演示 11-32

2. scroll——通过滚动浏览容器中不可见部分

代码

```
overflow: scroll; /*滚动浏览溢出部分*/ /* ... */
```

效果

Lorem ipsum dolor
sit amet, consectetur
adipisicing elit.
Dolorum est
repudiandae vero! Ab
accusamus est
repudiandae vero! Ab

在线演示 11-33

3. auto——自动处理，通常在溢出时会调整为 scroll 模式

代码

```
<style>
  p {
    overflow: auto; /*自动处理*/
    display: inline-block; /*并列放置，节省空间*/
    vertical-align: top; /*向上对齐，好看*/
    width: 10em;
    height: 10em;
    border: solid;
  }
</style>

<p>我不会滚动</p>
<p>
  我会滚动 <br>
  Lorem ipsum dolor sit amet, consectetur adipisicing elit. Dolorum est
repudiandae vero! Ab accusamus est repudiandae  vero! Ab accusamus alias,
aliquam atque beatae cupiditate dolorum et libero magni modi perspiciatis
repellat similique
  sit, ut veniam!
</p>
```

效果

我不会滚动

我会滚动
Lorem ipsum dolor sit amet, consectetur adipisicing elit. Dolorum est repudiandae vero! Ab accusamus est

在线演示 11-34

如果容器高度是自动的，则通常不需要设置 overflow 属性；如果容器高度是确定的，同时溢出部分不重要，则可以使用 hidden 将其隐藏；否则使用 auto，让其在有必要的情况下滚动显示。

11.7 本章小结

框与框之间无非是两种关系——包含关系和并列关系。为框添加样式，通常是为了突出显示或与周围的框划清界限。一般情况下，只有对有必要突出或划分界限的框才需要添加样式，否则会让页面混乱不堪。

在添加样式时要注意，同一种类型的框（如“卡片”）应该作用相似的样式（如“边框及阴影”），即视觉上体现出一定的规律，降低用户的浏览负担。

第 12 章

显示方式——元素怎么显示

元素的显示方式决定了元素的秉性。表 12-1 中列出了 display 的基本性质。

表 12-1

性质	说明
默认值	取决于确切元素
作用于	所有元素
默认继承	否
值	none、block、inline、run-in、table、flex、grid、ruby、inline-block、inline-table、inline-flex、inline-grid、table-row-group、table-header-group、table-footer-group、table-row、table-cell、table-column-group、table-column、table-caption

任何一张网页都是由一个个元素构成的，无一例外。了解每个元素的秉性是非常重要的，否则我们将体验到同时管教 500 个处于叛逆期的孩子是什么感觉。下面介绍几种最常用的显示方式。

12.1 none——不显示

none 表示完全不显示，也不占据任何空间，见下方示例。none 通常用于隐藏元素。

代码

```
<style>
  .hidden {
    display: none;
  }
</style>

<div>Yo</div>
<div class="hidden">你就当我不存在</div>
```

效果

Yo

在线演示 12-1

12.2 block——占据母元素的整个宽

块级元素最大的特点就是，会自动占据母元素的整个宽（内容区的宽度）。

以<div>为例，其默认的显示方式是 block，我们为其添加一些内容和边框就可以看出，无论内容多与少，其宽度都等于母元素宽度（此处为根元素<body>的宽度），见下方示例。

代码

```
<style>
  .box {
    display: block; /*无须指定，div 默认显示为 block*/
    border: solid;
  }
</style>

<div class="box">Yo.</div>我被挤下来了
```

效果

Yo.
我被挤下来了

在线演示 12-2

强行限制其宽度也不是不可以的，只不过剩下的部分会用 margin 填充，虽然看起来确实不再占整宽了，见下方示例。

代码

```
<style>
    .box {
      width: 50%; /*将宽度限制为原来的一半*/
      border: solid;
    }
</style>

<div class="box">Yo.</div>我还是被挤下来了
```

效果

Yo.
我还是被挤下来了

在线演示 12-3

可见，块级元素比较“霸气”，哪怕没有宽度也要用“气场”来填充，我们可以将其想象成硬盒子。这种特性很适合做行相关的布局，见下方示例。

代码

```
<style>
  .row {
    padding: 10px;
    background: lightgrey;
    border: 1px solid #aaa;
    margin-bottom: 10px;
  }
</style>
```

```
<div class="row">第 1 部分</div>
<div class="row">第 2 部分</div>
<div class="row">第 3 部分</div>
```

效果

第1部分

第2部分

第3部分

在线演示 12-4

常用的默认块级元素如下：

<article> <aside> <blockquote> <div> <form> <footer> <h1>…<h6> <header> <hr> <li> <main> <nav> <ol> <p> <pre><section> <table> <ul>

12.3 inline——宽度由内容的多少决定

行内元素的宽度由内容的多少决定。

以<span>为例，其默认的显示方式是 inline，为其添加一些内容和边框就可以看出，其宽度是由内容的多少决定的，见下方示例。

代码

```
<style>
  .bean {
    display: inline; /*无须指定，span 默认显示为 inline*/
    border: solid;
  }
</style>

<span class="bean">Yo.</span>我不会被挤下去
```

效果

Yo.我不会被挤下去

在线演示 12-5

由于其非常“好说话”的特性，行内元素最适合用于字里行间，比如，包裹部分文字或作为小图标出现在文字间，见下方示例。

代码

```
<style>
  span { border: solid; }
</style>

程序能不能跑起来取决于你怎么向它<span>表达</span>的，而不是你怎么<span>想</span>的。
```

效果	程序能不能跑起来取决于你怎么向它表达的，而不是你怎么想的。 在线演示 12-6

需要注意的是，行内元素只会作用横向的宽高属性，不会作用上下的宽高属性，见下方示例。

代码

```
<style>
  body { width: 200px; /*限制宽度，让文字自动换行*/}

  span {
    padding: 20px;
    border: 1px solid rgba(0, 0, 0, .2);
    background: rgba(0, 0, 0, .2);
  }
</style>

程序能不能跑起来取决于你怎么向它<span>表达</span>的，而不是你怎么想的。
```

效果

程序能不能跑起来取决于你
怎么向它 表达 的，而
不是你怎么想的。

在线演示 12-7

提示： 加了 padding 的<span>元素，左右 padding 将文字推开了，而上下 padding 仅仅是作用背景色，并没有对周围内容造成影响，如图 12-1 所示。

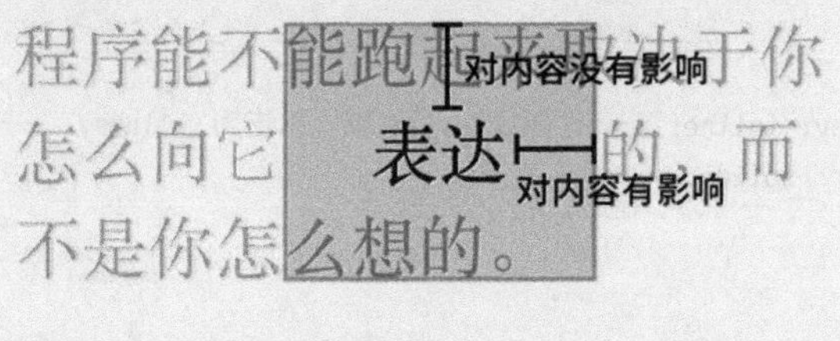

图 12-1

如果说块级元素是硬盒子，则行内元素就是盒子里的豆子，伸缩性和流动性都很好。

12.4 inline-block——结合了前两种显示方式

`inline-block` 是一种最中庸的显示方式。

行内块元素结合了块级和行内元素的特性，不但可以伸缩流动，还可以通过指定宽高以影响上下左右的环境。

在没有特殊样式的情况下，行内块与行内的表现是一样的，见下方示例。

代码

```
<style>
  .bag {
    display: inline-block; /*需要明确指定，因为 span 默认显示为 inline*/
    border: solid;
  }
</style>

<span class="bag">Yo.</span>我不会被挤下去
```

效果

Yo.我不会被挤下去

在线演示 12-8

但是如果添加了宽高样式，则情况就不同了，见下方示例。

代码

```
<style>
  body { width: 200px; /*限制宽度，让文字自动换行*/}

  span {
    display: inline-block;
    padding: 20px;
    border: 1px solid rgba(0, 0, 0, .2);
    background: rgba(0, 0, 0, .2);
  }
</style>

程序能不能跑起来取决于你怎么向它<span>表达</span>的，而不是你怎么想的。
```

效果

程序能不能跑起来取决于你

怎么向它　表达　的，而

不是你怎么想的。

在线演示 12-9

如图 12-2 所示，行内块的体积对四周的内容都有影响。

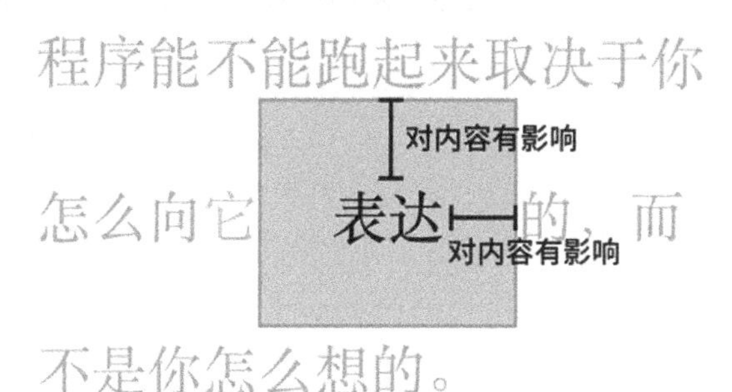

图 12-2

由于行内块又有这种灵活的特性，所以通常非常适合做列布局，见下方示例。

代码

```
<style>
  .col {
    display: inline-block;
    background: lightgrey;
    padding: 10px;
    border: 1px solid #aaa;
  }
</style>

<div>
  <div class="col">我是列 1</div>
  <div class="col">我是列 2</div>
  <div class="col">我是列 3</div>
</div>
```

效果

我是列1 我是列2 我是列3

在线演示 12-10

除以上几种核心显示方式外，CSS 3 还引入了 flex、grid 等新属性。这些新的布局属性会在第 18 章和第 19 章中详细讨论。

12.5 本章小结

了解显示方式是熟练布局的前提。相同的内容采用不同的显示方式，会得到完全不同的结果。

例如一些开发者喜欢通篇都用 div 元素。并不是不可以，只是在行内元素上使用 div 元素往往会显得逻辑混乱，而且无法利用默认样式的优势，这意味着接下来要手动维护所有 div 元素的显示方式。

推荐的做法是：在区域划分上用 div 元素，在行内内容上用 span 或类似的行内元素。

第 13 章 定位方式——元素该显示在什么位置

表 13-1 中列出了 position 的基本性质。

表 13-1

性质	说明
默认值	static
作用于	所有元素
默认继承	否
值	static、relative、absolute、fixed、sticky

13.1 static——往网页的左上角流动

在默认情况下，网页中所有的内容都倾向于往网页的左上角流动（网页的“万有引力”），如图 13-1 所示。

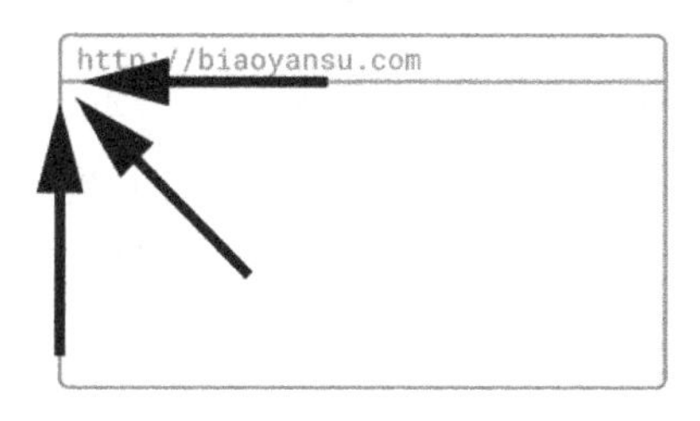

图 13-1

因为人类的阅读顺序是自上往下的，所以先出现的元素应该先显示。有了网页的“万有引力”之后，我们的大部分时间都不需要考虑元素摆放的问题，否则就得给每个元素分别指定坐标位置，想想都害怕。

本章的所有内容都是基于文档流的，例如，一些定位方式是在文档流内的，即它们遵循向左上角流动；而一些定位方式是脱离文档流的，即它们并不遵循向左上角流动。

任何元素在 static 定位下，若想改变其位置则只能通过改变其“自身”做到，如修改 margin、padding。例如下面的#box。

代码

```
<style>
  #box { position: static; /*默认值，可以省略*/ }
</style>

<div id="box">Yo</div>
```

效果

Yo

在线演示 13-1

此时，元素在它的默认位置，没有做任何位置调整。如果想调整位置，则只能借助于更改其自身的属性，如 margin，见下方示例。

代码

```
<style>
  #box {
    margin-left: 2em;
    margin-top: 2em;
  }
</style>

<div id="box">Yo</div>
```

效果

Yo

在线演示 13-2

但 margin 的作用是指定元素间的间距，而不是调整元素的位置。所以，如果还有其他的解决方案，则我们应尽量不使用与定位无关的属性进行定位。

13.2 relative（相对定位）

相对定位是指相对自己的“出生点”来定位。

一个元素的“出生点”是指其在 static 时的位置，也是元素在 relative 定位下的初始位置。默认情况下 relative 和 static 的表现是一样的，见下方示例。

代码

```
<style>
  #static { position: static; }
  #relative { position: relative; }
</style>

<div id="static">我随大流</div>
<div id="relative">我相对随大流</div>
```

效果

我随大流
我相对随大流

在线演示 13-3

但相对定位的元素可以作用其他 4 个属性：top、bottom、left 和 right，它们分别代表上、下、左、右。我们可以通过这 4 个属性指定元素相对其定位点（此处为出生点）偏移多少，见下方示例。

代码	`<style>`
	`  div {`
	`    top: 2em; /*向下偏移 2em*/`
	`    left: 2em; /*向右偏移 2em*/`
	`  }`
	
	`  #static { position: static; }`
	`  #relative { position: relative; }`
	`</style>`
	
	`<div id="static">我随大流</div>`
	`<div id="relative">我相对随大流</div>`

效果	**我随大流** **我相对随大流** 在线演示 13-4

可以看出，第 2 个元素确实偏移了，而第 1 个元素却没有变化。因为第 1 个元素是静态定位，完全根据网页“万有引力”流动，所以为其指定 top、bottom、left 和 right 属性是没有意义的。而第 2 个元素是相对定位的，有偏移依据（即出生点），所以是可以作用这 4 个属性的，如图 13-2 所示。

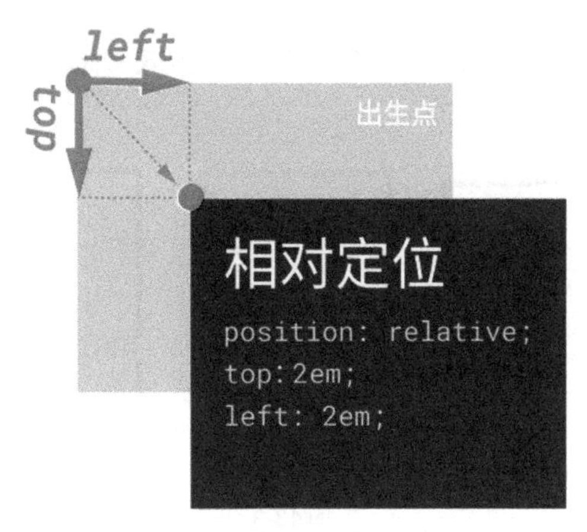

图 13-2

要注意，相对定位的元素在改变位置后，其出生点的空间依然是被保留的。如果一大段文字中的某一个词偏移了，则这个词的原本空间依然会保留，而不是被其他元素填充，见下方示例。

代码

```
<style>
  div { width: 10em; }

  span {
    position: relative;
    top: 1em;
    left: 1em;
    border: solid;
  }
</style>

<div>我们通常都没有自己以为的那么聪明，否则就不存在<span>Debug</span>这种事情了。</div>
```

效果

我们通常都没有自已以
为的那么聪明，否则就
不存在　　　这种事
情了。 Debug

在线演示 13-5

13.3 absolute（绝对定位）

默认情况下元素是相对文档“首屏”定位的。

浏览器的宽和高不一定就是文档的宽和高。当文档尺寸比浏览器大时，则需要滚动来浏览不可见部分，如图 13-3 所示。

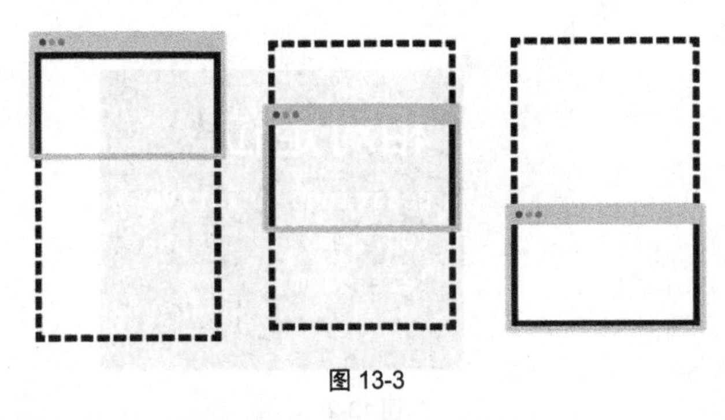

图 13-3

首屏即浏览器窗口内可见的第一屏，如图 13-4 所示。

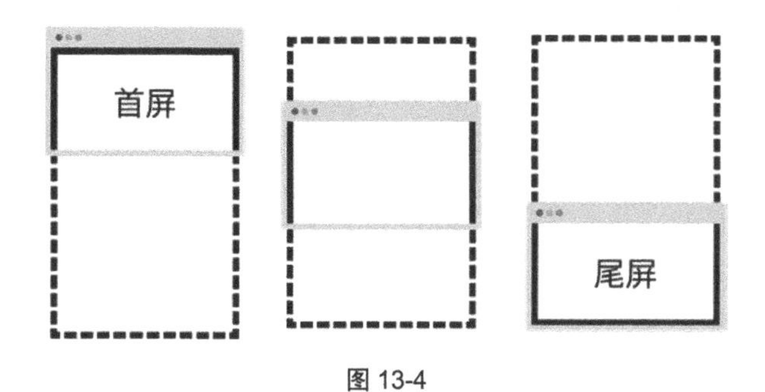

图 13-4

绝对定位的元素相对于首屏定位，与文档大小无关，如图 13-5 所示。比如，`top: 2em;` 意味着元素到首屏顶部的距离为 2em，而 `bottom: 2em;`则意味着元素到首屏底部的距离为 2em。

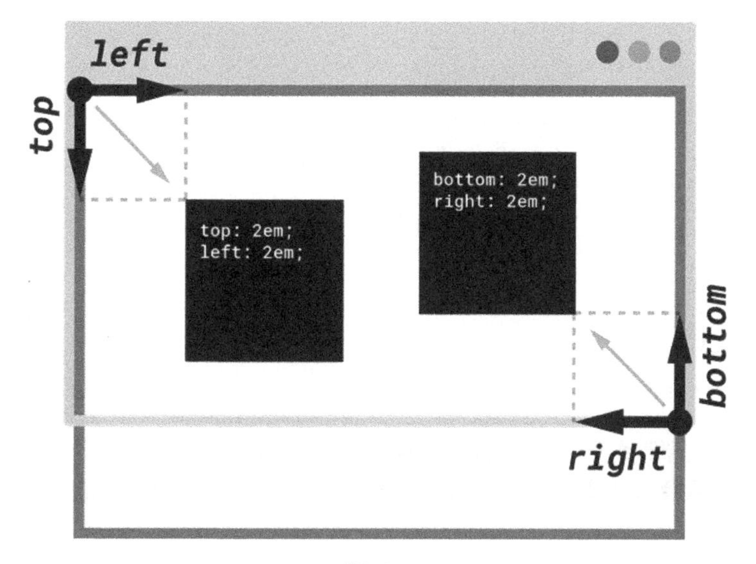

图 13-5

比如，在首屏四个角各放一个元素，见下方示例。

代码

```
<style>
  div {
    border: solid;
    position: absolute;
  }

  .top-left {
    top: 1em;
    left: 1em;
  }
```

	<pre> .top-right {
	    top: 1em;
	    right: 1em;
	  }
	
	  .bottom-left {
	    bottom: 1em;
	    left: 1em;
	  }
	
	  .bottom-right {
	    bottom: 1em;
	    right: 1em;
	  }
	</style>
	
	<div class="top-left">左上</div>
	<div class="top-right">右上</div>
	<div class="bottom-left">左下</div>
	<div class="bottom-right">右下</div></pre>

效果	左上 右上 左下 右下 在线演示 13-6

绝对定位的参照物是可以改变的。如果绝对定位元素的“祖先”中有相对定位的元素，则绝对定位元素会以其最近的一个相对定位的“祖先”为参照物，而不再以首屏为参照物，如图 13-6 所示。

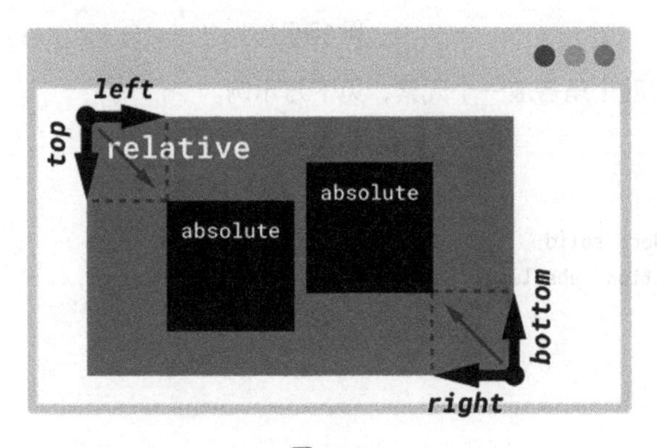

图 13-6

比如，在相对定位的元素四个角各放一个元素，见下方示例。

代码

```
  <style>
    div {
      border: solid;
      position: absolute;
    }

    .relative {
      position: relative; /* 覆盖 div 样式 */
      width: 10em;
      height: 10em;
    }

    .top-left {
      top: 1em;
      left: 1em;
    }

    .top-right {
      top: 1em;
      right: 1em;
    }

    .bottom-left {
      bottom: 1em;
      left: 1em;
    }

    .bottom-right {
      bottom: 1em;
      right: 1em;
    }
  </style>

<div class="relative">
  <div class="top-left">左上</div>
  <div class="top-right">右上</div>
  <div class="bottom-left">左下</div>
  <div class="bottom-right">右下</div>
</div>
```

效果

左上　右上

左下　右下

在线演示 13-7

由于这种机制简洁、灵活，所以在细节和特殊组件的处理上非常好用。比如，要在一张常见的卡片的底部添加标题，则可以用相对和绝对定位的组合来实现：

代码

```
<style>
  body {
    font-family: sans-serif;
  }

  .card {
    position: relative; /*父级相对定位*/
    width: 20em;
    height: 8em;
    border: .4em solid;
  }

  .title {
    position: absolute; /*子级绝对定位*/
    font-weight: bold;
    font-size: 2em;
    bottom: .5em;
    right: .8em;
  }
</style>

<div class="card">
  <div class="title">Yo，叫我王花花</div>
</div>
```

效果

Yo，叫我王花花

在线演示 13-8

13.4 fixed（固定定位）——与窗口同步

该定位的参照物为浏览器窗口，定位的元素不会与页面一起滚动，如图 13-7 所示。

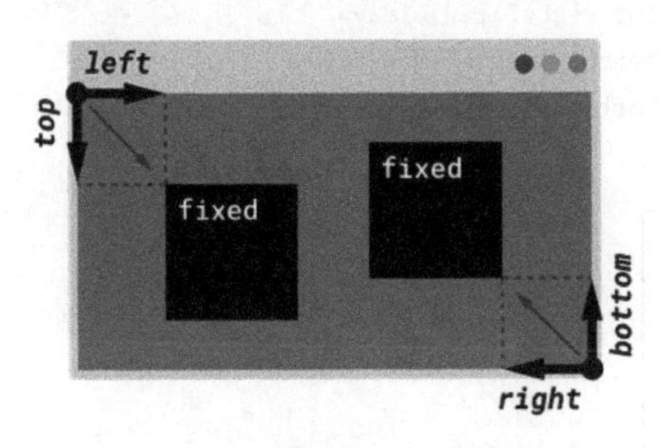

图 13-7

固定定位的元素会“挂”页面上，遮蔽其他元素，滚动页面对其没有作用。在浏览器中打开下方代码并滚动页面即可看出效果。

代码

```
<style>
  body {
    height: 200em;
    font-size: 50px;
  }

  .fixed {
    position: fixed;
    background: #ccc;
    font-size: 20px;
    top: 0;
    left: 0;
  }
</style>

我是视觉参考背景
<div class="fixed">请在浏览器内滚动试试</div>
```

效果　在线演示 13-9

13.5 sticky（黏滞定位）——自动“挂住”

元素在可视范围内时会正常滚动，一旦超出可视范围则自动变为固定定位，“挂”在容器上。

下方示例中的.sticky 元素在浏览器窗口内时和其他元素无异，随着页面滚动，一旦超出可视范围，则将和 fixed 一样“挂”在页面上。在浏览器中打开下方代码并滚动页面即可看出效果。

代码

```
<style>
  body {
    height: 200em;
    font-size: 50px;
  }

  .sticky {
    position: sticky;
    background: #ccc;
    font-size: 20px;
    top: 0;
    left: 0;
```

```
  }
</style>

<p>我是视觉参考</p>
<div class="sticky">请在浏览器内滚动试试</div>
<p>我是视觉参考</p>
<p>我是视觉参考</p>
```

效果　在线演示 13-10

注意，只要是超出祖先容器可视范围的情况都可以使用黏滞定位。例如，一个容器的尺寸比浏览器小，比黏滞元素大，同时还可以滚动，这时容器内部的黏滞元素就会“挂”在容器上（而不是浏览器边缘）。

代码

```
<style>
  body { font-size: 50px; }

  .sticky {
    position: sticky;
    background: #ccc;
    font-size: 20px;
    top: 0;
    left: 0;
  }

  .container {
    margin: 20px;
    height: 200px;
    border: solid;
    overflow: auto;
  }
</style>

<div class="container">
  <p>我是视觉参考</p>
  <div class="sticky">请在浏览器内滚动试试</div>
  <p>我是视觉参考</p>
  <p>我是视觉参考</p>
</div>
```

效果　在线演示 13-11

13.6　本章小结

和显示方式一样，定位方式也是 CSS 布局中的核心概念。相同的内容采用不同的定位方式，可能会得到完全不同的结果。

一般情况下，`fixed`、`sticky`、`absolute` 用于定位页面中的特殊元素，例如需要持续显示（或在特定情况下持续显示）的导航栏、菜单、工具组……如无必要，我们应尽量避免使用这些特殊的定位方式，否则往往会造成更多麻烦，因为脱离了文档流，很多原本已经自动化的布局反而需要手动布局。

第 14 章 元素层叠顺序

14.1 默认情况下的层叠顺序

在大部分情况下，我们不需要考虑元素的层叠顺序，因为每个元素都占据着自己独立的空间，它们彼此之间是相邻的，可以接壤，但不会重叠，见下方示例。

代码

```
<style>
  div { border: solid; }
</style>

<div id="a">A</div>
<div id="b">B</div>
```

效果

A
B
C D

在线演示 14-1

14.2 通过非 static 定位方式展示层叠

非静态定位的元素会遮蔽静态定位的元素。

虽然在默认情况下元素间不会重叠，但是在一些特殊情况下会出现重叠现象，例如给元素指定了其他的定位方式。下面以 `absolute` 为例。

代码

```
<style>
  div {
    font-family: Monaco, monospace;
    border: solid;
    width: 8em;
    height: 8em;
    padding: .5em;
    background: rgba(100%, 100%, 100%, .85);
  }
```

```
  .absolute {
    position: absolute; /*非 static 定位*/
    top: 4em;
    left: 4em;
  }
</style>

<div>static</div>
<div class="absolute">absolute</div>
```

效果

```
static
absolute
```

在线演示 14-2

可以发现，绝对定位覆盖了静态定位。这并不是偶然的。

在网页中，如果出现了非静态定位的元素，则其层级会比静态定位的元素更高（离观察者更近）。因为元素脱离了正常的文档流（向左上角流动），所以可以在视觉上遮蔽静态定位的元素。不仅 absolute 定位，relative 和 fixed 定位也一样，见下方示例。

代码

```
<style>
  div {
    font-family: Monaco, monospace;
    border: solid;
    width: 8em;
    height: 8em;
    padding: .5em;
    background: #fff;
  }

  .relative {
    position: relative; /*非 static 定位*/
    top: -5em;
    left: 3em;
  }

  .fixed {
    position: fixed; /*非 static 定位*/
    top: 9em;
    left: 8em;
  }
```

```
</style>

<div>static</div>
<div class="relative">relative</div>
<div class="fixed">fixed</div>
```

效果

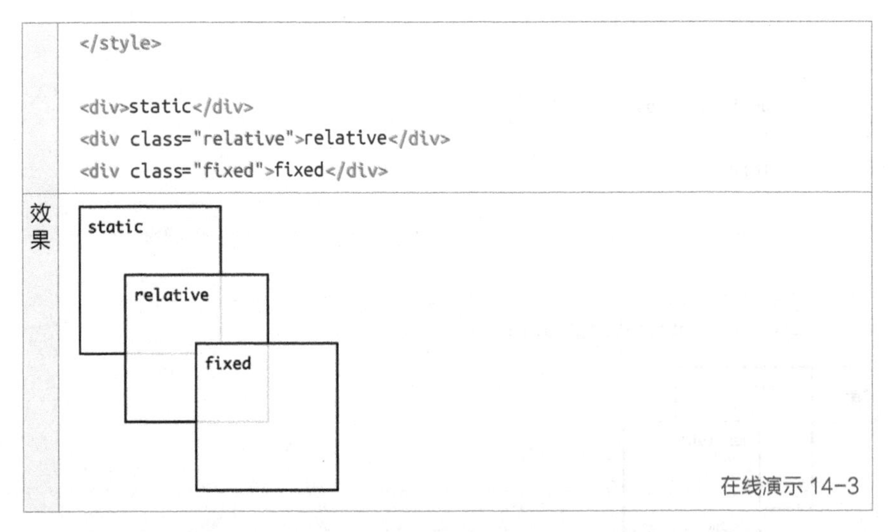

在线演示 14-3

以上属于第一种情况，即非静态定位的元素会遮蔽静态定位的元素。

但如果大家都是非静态定位的，会怎么分配层级呢？按出现的先后顺序分配，见下方示例。

代码

```
<style>
  div {
    padding: .5em;
    width: 10em;
    height: 10em;
    border: .2em solid #333;
    font-family: Monaco, monospace;
    font-weight: bold;
    background: rgba(100%, 100%, 100%, .85);
  }

  .relative {
    position: relative;
  }

  .absolute {
    position: absolute;
    left: 3em;
    top: 4em;
  }

  .fixed {
    position: fixed;
    left: 6em;
    top: 8em;
```

```
  }
</style>

<div class="relative">relative</div>
<div class="absolute">absolute</div>
<div class="fixed">fixed</div>
```

效果

relative

absolute

fixed

在线演示 14-4

此时如果调整 4 个元素在 HTML 代码中的顺序，结果会怎样呢？见下方示例。

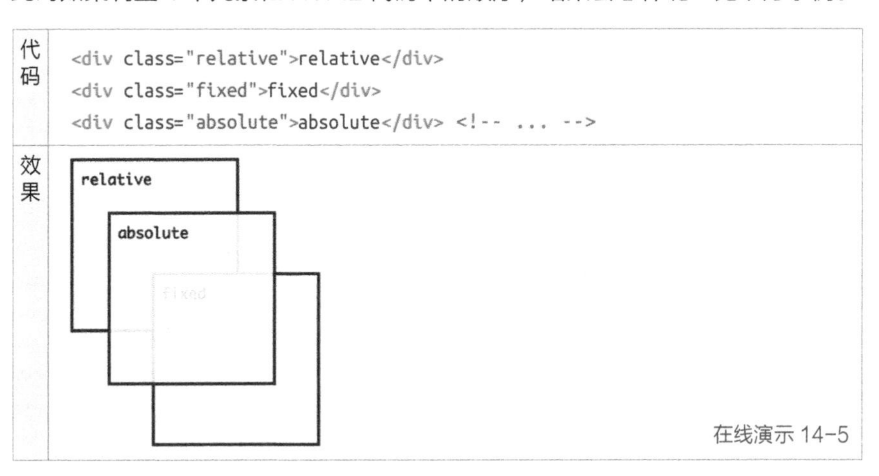

代码

```
<div class="relative">relative</div>
<div class="fixed">fixed</div>
<div class="absolute">absolute</div> <!-- ... -->
```

效果

在线演示 14-5

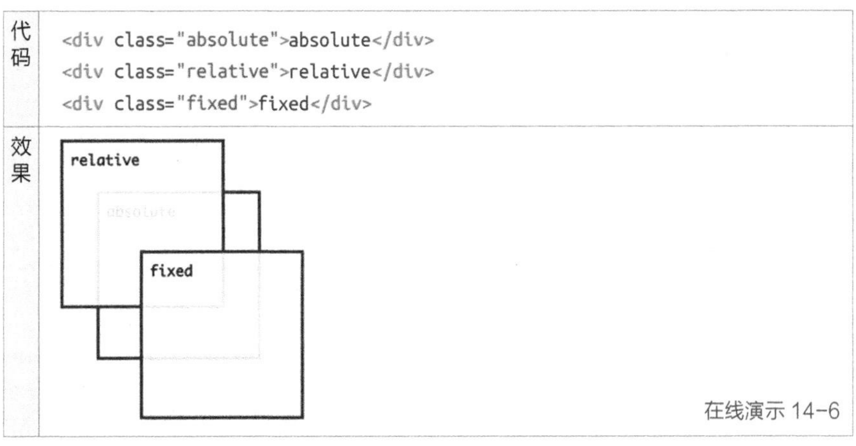

代码

```
<div class="absolute">absolute</div>
<div class="relative">relative</div>
<div class="fixed">fixed</div>
```

效果

在线演示 14-6

可以发现，在默认情况下，非静态定位的元素出现得越晚其层级就越高（离观察者越近），与它们的定位类型没有关系。

14.3 通过 z-index 手动调整层叠

可以通过指定数值的大小来指定元素的层级。数值越大则层级越高，反之亦然。

下面以 14.2 节的代码为例（出现得越晚则层级越高）：

代码

```
<style>
  .box {
    padding: .5em;
    width: 10em;
    height: 10em;
    border: .2em solid #333;
    background: #fff;
    font-family: Monaco, monospace;
    font-weight: bold;
  }

  .relative {
    position: relative;
  }

  .absolute {
    position: absolute;
    left: 3em;
    top: 4em;
  }

  .fixed {
    position: fixed;
    left: 6em;
    top: 8em;
  }
</style>

<div class="box relative">relative</div>
<div class="box absolute">absolute</div>
<div class="box fixed">fixed</div>
```

效果

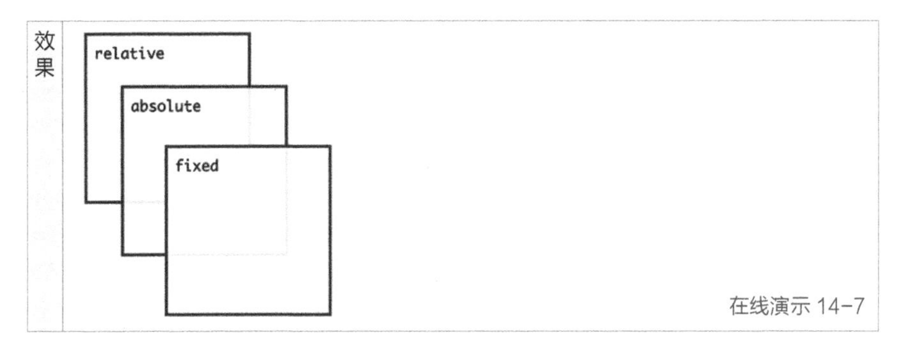

在线演示 14-7

z-index 可以在不调整元素顺序的情况下调整它们的层叠顺序，见下方示例。

代码

```
.relative {
  /* ... */
  z-index: 1;
}
/* ... */
```

效果

relative

在线演示 14-8

当第 1 个元素被设置为 z-index: 1后，第 1 个元素的层级在 3 个元素中就变成了最高的，因为当前其他的元素的 z-index 是 auto，z-index 的数值越大，则第 1 个元素离观察者就越近，其覆盖能力也越强，见下方示例。

代码

```
.relative { z-index: 3; /* ... */}
.absolute { z-index: 2; /* ... */}
.fixed { z-index: 1; /* ... */}
/* ... */
```

效果

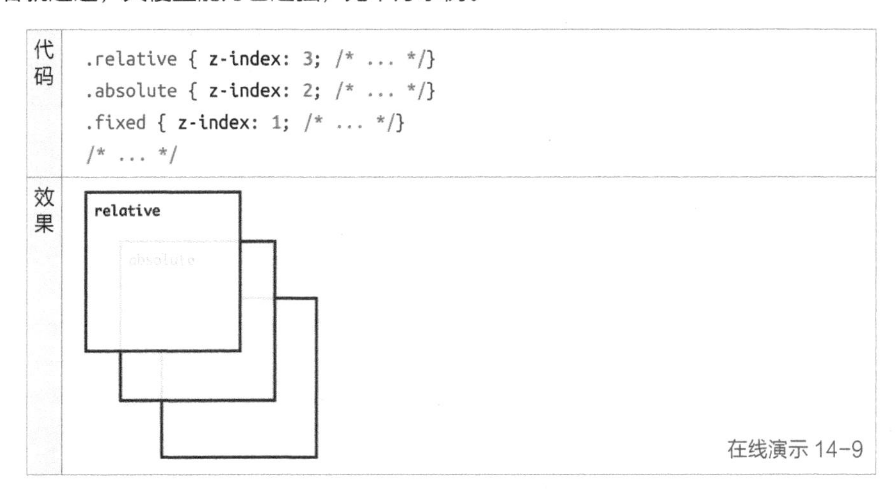

在线演示 14-9

14.4 本章小结

层叠顺序如下：

更大的 z-index > 脱离文档流且靠后出现 > 脱离文档流 > 未脱离文档流

第 15 章 值和单位

想精确地控制任何样式，明确的值和单位是必不可少的。不了解 CSS 中样式的值和单位，就像只知道放什么佐料而不知道放多少一样，成品的调味一定不敢恭维。

试想一张网页正文的字体比大标题还大，或者正文字体一会儿大一会儿小，其浏览体验会有多糟糕……

本章将详细讨论 CSS 中的长度、颜色、尺寸、时间、频率等。

15.1 关键词

有时对于一些值域有限的属性，CSS 会定义一些预制的词或词组。比如，有一个属性叫“性别”（虽然不存在这个属性）其值可以是男，也可以是女：

```
h1 { 性别: 女; }
```

但如果这里的值是 5 或 50%就会变的很奇怪：

```
h1 { 性别: 50%; }
```

由于“性别”的值域中只有两个值——男和女，所以像这种选择题就非常适合用关键词作为属性值。比如常用的文字装饰属性 text-decoration：

```
a { text-decoration: none; /* 清除链接下画线 */ }
```

又如颜色：

```
a { color: pink; /* 将文字设为粉红色 */}
```

关键词既省事又精确还易读，何乐而不为?

提示： 一般来说，如果一个属性接受关键作为属性值，那么这个关键词通常只适用于这个属性。这很好理解，因为如果将 text-decoration 设为 pink 则没有意义。

```
a { text-decoration: pink; /* ？？？ */ }
```

但有时情况会变得很有迷惑性，见下方的代码：

```
a
  text-decoration  none
  display  none
```

<a>元素有两条样式规则——text-decoration 和 display，它们的值都是 none，但两个 none 的意义一样吗?

不一样。虽然两个 none 长得一样，但第 1 个 none 会清除文字装饰，而第 2 个 none 会隐藏元素。所以不同属性中的相同关键词意义不一定就相同。

1. 全局关键词

CSS 中定义了普适性关键词，这些关键词可以用于任何属性上，且它们的意义也是一样的。

◎ Inherit——继承。

inherit 不是确定的值，设为 inherit 的属性将会继承其父级的值，如果其父级的样式发生改变，则它的对应样式也会变更为相同的值。

例如，页面中有一个<div>，这个<div>有黑色边框，同时还包含了一个子元素<span>，见下方示例。

代码

```
<style>
 div {
   height: 50px;
   border: 1px solid black;
 }
</style>

<div>
  <span>我是儿子</span>
</div>
```

效果

我是儿子

在线演示 15-1

此时我们让<span>继承父级<div>的 border 属性：

代码

```
<style>
 div {
   height: 50px;
   border: 1px solid black;
 }
```

	<pre> span {
	    border: inherit;
	  }
	</style>
	
	<div>
	  <span>我是儿子</span>
	</div></pre>

效果	我是儿子 在线演示 15-2

虽然我们没有明确地说明<span>的边框的值，但由于子级继承了<div>边框的值，所以<span>也有了 1px 的黑色边框。

值得一提的是，CSS 中存在默认继承的属性，如 font-size、color、font-family 等。为什么会这样呢？因为方便。试想有一篇文章，我们用<div>作为容器，这个容器中有很多<p>代表每个段落，见下方示例。

代码	<pre><div>
	  <p>我是<strong>段落一</strong></p>
	  <p>我是<strong>段落二</strong></p>
	  <p>我是<strong>段落三</strong></p>
	</div></pre>

效果	**我是段落一** **我是段落二** **我是段落三** 在线演示 15-3

现在我们想更改<div>下所有的元素的字体大小。如果 font-size 没有默认继承，则我们要选中包括<div>在内的所有元素然后分别指定样式。如果以后内部新增了其他元素（如<span>、<em>等），则我们也要再次指定它们的样式。

CSS 标准的制订者显然很清楚这一点，所以一些属性如果继承下去更合理就让它们默认继承了，这样修改字体大小只要在<div>上修改即可，见下方示例。

代码	<pre><style>
	div {
	  font-size: 25px;
	}
	</style></pre>

```
<div>
  <p>我是<strong>段落一</strong></p>
  <p>我是<strong>段落二</strong></p>
  <p>我是<strong>段落三</strong></p>
</div>
```

效果

我是段落一

我是段落二

我是段落三

在线演示 15-4

（1）initial——默认值。

值为关键词 initial 的属性，将忽略任何现有的值而直接采用浏览器默认样式，即默认值。你可以将其理解为重置样式。比如一个元素的 color 默认是 black，那么 color: black; 与 color: initial;是一样的。

一个属性的默认值可以在速查表中的默认值字段查到，但很多时候默认值会显示为“取决于浏览器”或“因浏览器不同而不同”，并不是说我们就应该把这行文字作为关键词输入进去，而是说这个属性的默认值是因情况而定的。

比如，color 在<p>上的默认值为 black，而在<a>上的默认值就变成了蓝色（Chrome 浏览器 Blink 样式为#2000ee）。而且在不同的浏览器下哪怕是相同的元素和属性，其默认值也不一定相同。

（2）unset——未指定。

unset 关键词同时代替了 inherit 和 initial，但是有优先级，如果这个属性是继承的，则使用继承的值，否则就使用默认值。

2. all 属性

all 属性用于指代除 direction 和 unicode-bidi 外的所有属性。所以，all 属性只接受全局属性，即 inherit、initial、unset 其中之一，见下方示例。

代码

```
<style>
.parent {
  padding: 10px;
  border: 2px solid #000;
}

.child {
  all: inherit; /* 继承了.parent 的所有样式 */
}
```

```
</style>

<div class="parent">
  我是爸爸
  <a href="#" class="child">我是儿子</a>
</div>
```

效果

我是爸爸

我是儿子

在线演示 15-5

不出意外，.child 继承了.parent 的 padding 和 border 属性。然而还没完，all: inherit;会继承所有的父级属性，包括父级没有写出来的、父级继承的和父级默认的所有属性（除了那两个例外属性），这就解释了为什么.child 是<a>元素，却没有<a>元素应有的默认样式（蓝色，下画线）。

一般情况下，只要有别的解决方案，尽量不要使用 all 属性。因为它的覆盖范围太大、杀伤力太强，容易造成很多副作用，除非你很清楚自己在干什么。

15.2　字符串

字符串用于包含机器不能理解，更不能直接处理的数据。

我们很清楚“你好”是在问好，向我们表达善意，但机器不能理解。对于这种机器不能理解的字符，我们统统可以用字符串存起来。比如伪元素里的 content 属性：

代码

```
<style>
  .yuan::before { content: "¥"; }
</style>

<span class="yuan">100</span>
```

效果

¥100

在线演示 15-6

或者：

代码

```
<style>
  .hello::after { content: '，你好'; }
</style>

<span class="hello">王花花</span>
```

效果	王花花，你好　　在线演示 15-7

CSS 中的字符串不分单双引号，但必须为英文引号且前后一致，如果写成"Yo'则就会导致解析错误，因为浏览器不知道字符串到哪里结束。

如果要在引号中显示引号，则要用\进行转义，见下方示例。

代码

```
<style>
  .story::after {
    content: "他说  \"你最美！\"，我说  \"这我不能反驳！\"";
  }
</style>

<span class="story"></span>
```

效果

他说："你最美！"，我说："这我不能反驳！"　　在线演示 15-8

15.3 URL——资源地址

URL 用于定位外部资源地址。“外部”意味着其背后的资源可能在网络上，也可能位于本地的其他位置，总之不在当前文件内。其语法为：

```
url(地址)
```

所有需要外部资源的地方，都需要明确地告诉浏览器资源的位置，比如添加背景图片：

代码

```
<style>
  body {
    background: url(https://public.biaoyansu.com/logo-sm.png);
    min-height: 130px;
  }
</style>
```

效果

在线演示 15-9

此处 url()中的 https://public.biaoyansu.com/logo-sm.png 就是引入外部资源的语法。

提示： url 与()之间没有空格，须连在一起才是有效的 URL 语法。

15.4　数字和百分比

1. 数字

数字类型通常用于指定比例或倍数。在不同的属性下数字的意义不同，一些属性甚至可以为负值。`z-index` 只接受整型（整数），而 `opacity` 只接受大于 0 小于 1 的浮点数（小数）。

如果设置的属性值不合法或超出了定义范围，则会有两种结果：（1）其对应的属性会被忽略；（2）采用最接近的合法值。所以，在指定数值时要注意属性对数值的要求。

2. 百分比

百分比格式为一个数字后面跟百分号（%），如 100%、50%等。值为百分比的属性一定有一个参照物，否则便无从得知最后的数值。

以 `width` 属性为例，`width: 50%`;通常是说当前元素的宽度是母元素的 50%，其参照物为母元素宽度。不同属性的参照物也不一定相同，所以只有清楚百分比的参照物才能准确地使用百分比。

15.5　长度

网页中的任何一个元素都可以被简化为矩形（长方形），而任何一个可视矩形都有长宽。只不过为了方便起见，一些元素的长宽是自动的，比如块级元素默认占母元素整宽，行内块元素的宽度默认由内容多少决定。

而一些浏览器无法预测的宽度就只能由我们手动指定了，如 `margin`、`padding`。这时就涉及长度单位。长度单位有很多，其目的是为了满足不同设备在不同情况下也能正确显示的需要，如 `px`（像素）通常用于在屏幕上显示，而 `pt`（点）通常用于印刷。

所有的长度单位可以分为两种——相对单位和绝对单位。这同样是为了满足多媒介分发的需要。

1. 绝对单位

◎ `px`：像素，通常用于电子显示。
◎ `pt`：点，通常用于印刷。
◎ `pc`：派卡，通常用于印刷，`1pc=12pt`。
◎ `in`：英尺，通常用于印刷。
◎ `cm`：厘米，通常用于印刷。
◎ `mm`：毫米，通常用于印刷。

这些单位中最常见的就是 `px` 和 `pt`。

2. 如何理解像素

显示器是由一个个像素点构成的。你可以将像素点想象成一个个很小的彩色灯泡，单位面积内这样的灯泡的数量越多，则其显示的精度就越高，而 1px 正好可以代表 1px。如果指定一个元素的宽度为 10px，则意味着这个元素有 10 小灯泡那么宽。

既然像素是基于电子显示器的，那么当用户打印以像素为单位的网页时怎么办呢？因为打印机内没有像素的概念，只有点的概念，所以浏览器在打印前会将网页中的像素转换为点。CSS 标准中推荐的比例为 1in 包含 96px，即 96 PPI（pixel per inch）。

3. 我还听过 DPI，它和 PPI 有什么区别？

两者的主要区别在于：

◎ DPI（dots per inch）通常用于定义印刷精度。因为印刷机通常是基于喷墨点的，所以最小单位是点（pt）；

◎ PPI（pixels per inch）通常用于电子显示设备，如台式机显示器、手机屏幕、电子阅读器屏幕等，这些屏幕的图像是由“小灯泡”像素（px）组成的。

虽然 DPI 通常用在印刷品上，但也时常能看到在电子显示设备上使用 DPI，这个就属于“将错就错”了，用错词的厂商也不想改。也就说，DPI 和 PPI 在电子设备上是一回事，无须区分。

4. 什么时候用绝对单位？

绝对单位通常用于确定的媒介尺寸（如定制显示器、打印机、规格确定的纸张）上。

除非显示媒介的尺寸是固定的（或准备了多套样式），否则大部分网页使用绝对单位。

5. 相对单位

相对单位与绝对单位最大的区别在于：相对单位没有固定长度，其长度是相对于参照物而言的。这种单位在一些情况下非常实用，比如要将一个元素指定为母元素的一半，用绝对单位就很难做到，因为不同设备的尺寸不一定相同。如果非要做到这一点，则只能适配一种尺寸的设备。相对单位就可以解决这类问题。

6. em 和 ex ——相对当前字体缩放

em 和 ex 非常相似，它们都与字体大小相关。

1em 的意思是 font-size 的 1 倍意思。如果当前元素的 font-size 是 10px（无论其 font-size 是自有的还是继承的），那么 1em 就是 10px。

这在一些情况下很有用，比如不同的标题元素需要不同的 padding，字体越大的标题 padding 也越大，那么就可以将 padding 的单位设为 em，这样 padding 的大小就可以动态地和字体大小同时变化，见下方示例。

代码

```
<style>
  h1 { font-size: 30px; }
  h2 { font-size: 20px; }
  h3 { font-size: 10px; }
  h1, h2, h3 { padding-left: 1em; }
  code { font-size: 0.6em; }
</style>

<h1>我的左 Padding 为
  <code>30px</code>
</h1>
<h2>我的左 Padding 为
  <code>20px</code>
</h2>
<h3>我的左 Padding 为
  <code>10px</code>
</h3>
```

效果

我的左Padding为 30px

我的左Padding为 20px

我的左Padding为 10px

在线演示 15-10

在传统排版和印刷领域，em 的意思是一个小写字母“m”的宽度。而在 CSS 中却不一定是这样，为了便于记忆我们可以将 em 直接理解为当前元素的字体大小。

单位 ex 与 em 不同，1ex 等于当前字体族中小写“x”的高度。这意味着，如果两段文字虽然 font-size 相同，但如果它们使用了不同的字体，则它们的 ex 不一定相同，见下方示例。

代码

```
<style>
  p {
   font-size: 30px;
   width: 10ex;
   background: lightgray;
  }
</style>

<p style="font-family: Arial;">Yo, x</p>
<p style="font-family: Monaco;">Yo, x</p>
<p style="font-family: Courier;">Yo, x</p>
<p style="font-family: Impact;">Yo, x</p>
```

效果	Yo, x Yo, x Yo, x Yo, x 在线演示 15-11

7. rem——相对根元素字体缩放

提示： rem 和 em 非常相似，都是基于已有的 font-size 来作用大小，区别在于：em 基于当前元素的字体大小；而 rem 基于页面根元素的字体大小，在 HTML 中为<html>元素。

比如，一个页面指定了<html>的字体大小是 10px，那么当前页面中的 1rem 等于 10px。和 em 一样，我们可以使用参照物字体大小的倍数来指定数值，见下方示例。

代码

```
<style>
  html { font-size: 10px; }
  p { font-size: 2rem; /*相当于 20px*/ }
</style>

<p>Yo.</p>
```

效果

Yo.

在线演示 15-12

8. ch——1 个“0”的宽度

CSS 3 新增了一个有意思的单位——ch，即字符（character）的意思。1ch 等于当前字体族的数字 0 的宽度，即从一个 0 的开始到下一个 0 的开始（包含了两个字之间的间隙），见下方示例。

代码

```
<style>
  :root { font-size: 50px; }

  span {
    background: gray;
    color: #fff;
  }

  div {
    width: 3ch;
    background: #000;
    height: 60px;
  }
</style>
```

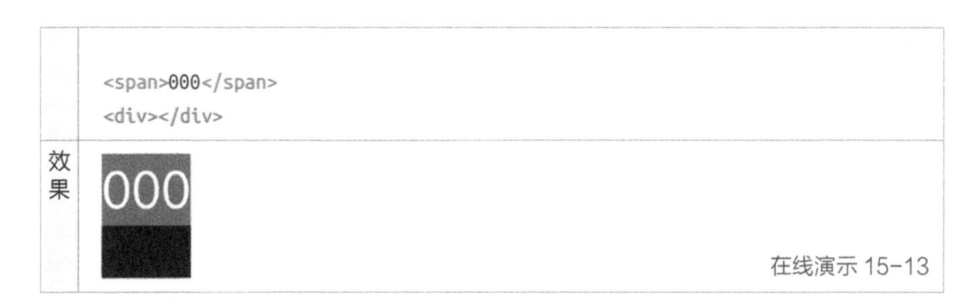

```html
<span>000</span>
<div></div>
```

效果

000

在线演示 15-13

9. vw——视窗宽度的 1%

大部分情况下，“视窗”指浏览器窗口，1vw 等于浏览器窗口宽度的 1%。这意味着，如果当前的浏览器窗口为 1000px，则 1vw 的宽度就为 10px。如果我们让窗口变得更宽，那么 1vw 的宽度也会相应增大，反之亦然。在浏览器中运行以下代码，并缩放浏览器窗口，可以查看 10vw 的宽度相应变化。

代码

```html
<style>
  div {
    width: 10vw;
    height: 1em;
    background: #000;
  }
</style>

<div></div>
```

效果

我占10%浏览器宽度

在线演示 15-14

10. vh——视窗高度的 1%

与 vw 类似，vh 同样是以浏览器窗口尺寸为基准，vh 等于浏览器窗口高度的 1%。其高度同样是动态的，浏览器窗高度越大则它的值就越大。

```html
<style>
  div {
    height: 10vh;
    border: solid;
  }
</style>

<div>我占浏览器高度的 10%</div>
```

11. min——视窗短的方向长度的 1%

浏览器窗口是矩形的，所以就一定有一个方向的长度是最短的。vmin 以最短的长度作为计算基准，然后将其分割为一百份，每一份就是 1vmin，见下方的代码。

```
<style>
  div {
    width: 10vmin;
    border: solid;
  }
</style>

<div>我占 10%浏览器的短边</div>
```

12. vmax——视窗长的方向长度的 1%

与 vmin 刚好相反，vmax 会选择一个最大的长度作为计算基准，然后将其分割为一百份，每一份就是一个 vmax，见下方的代码。

```
<style>
  div {
    width: 10vmax;
    border: solid;
  }
</style>

<div>我占浏览器的长边的 10%</div>
```

这些单位都是长度单位，这就意味着可以将其用在任何一个需要长度值的地方，可以是字体大小、元素长度，也可以是 padding 的大小。

15.6 计算值

很多时候我们需要的值并不是确定的值，而是需要动态计算得出的。比如，我们需要一个宽度为 200px 减去它字体大小的元素，在 CSS 3 之前，这种动态的计算方式只能通过 JavaScript 来解决，而现在通过 calc()语句就可以解决这个问题。

calc()可以接受 4 个运算符，分别是+、-、*、/，即加号、减号、乘号、除号。

提示：在加减运算符两边要加空格，而乘除运算符则不需要。这是因为我们要考虑到有负数出现的情况。

calc 可以接受长度、时间、角度、百分比或数字。但在传参时要注意操作的值是否“兼容”，比如我们运算的是 calc(1em + 1em)，这是合法的，因为这两个值的单位相同所以可以运算，但是如果运算的是 calc(1em + 1)就是不合法的，因为一个是长度单位，另一个是纯数字。而 calc(1em + 10px)就是合法的。因为虽然它们的单位看上去不同，但其实它们都是长度单位，所以它们是“兼容”的。

在做乘除运算时，其中的一个值必须是纯数字。如 calc(1em*10)意味着 10 倍的 em，而 calc(1em*10em)就说不通了。而除法运算的左边必须是一个不为 0 的纯数字，比如，calc(20em/10)合法，calc(20em/10em)不合法，calc(20em/0)不合法。

一般来说在一个 calc()语句中，浏览器至少会支持 20 个值。calc()中的值不宜过多，如果其中的值超过最大限制，则整条语句会被忽略。

15.7　颜色

在 CSS 中颜色有两种指定方式：

（1）通过颜色关键词（预设名称）来指定，如 red（红）、blue（蓝）。

（2）通过精确的色值来指定，如 RGB(255, 0, 0)（红）、#0000ff（蓝）。

1. 颜色关键词

利用颜色关键词可以方便直观地指定颜色，但数量少、颗粒大、不灵活。

为方便起见，一些确切的颜色是有名称的。比如将某段背景色改为灰色，可使用 lightgray 关键词，见下方示例。

代码

```
<style>
  p { background: lightgray; /* 背景：浅灰 */ }
</style>

<p>别急着加功能，先把核心模块写稳当。</p>
```

效果

别急着加功能，先把核心模块写稳当。

在线演示 15-15

不只是背景色，关键词可以用在任何需要色值的地方，见下方示例。

代码

```
<style>
  p {
    background: gray;
    color: white;
    border: solid black;
  }
</style>

<p>别急着加功能，先把核心模块写稳当。</p>
```

效果

别急着加功能，先把核心模块写稳当。

在线演示 15-16

2. 关键词 transparent

除常规颜色关键词外，使用关键词 transparent 可以指定“透明色”，即“没有任何颜色”，如同玻璃一样可以“看穿”，见下方示例。

代码

```
<style>
  p {
    background: gray;
    color: white;
  }

  .black { background: black; }
  .transparent { background: transparent; /* 可以看穿至背景 */ }
</style>

<p>
  别急着加功能，先把<span class="black">核心</span>
  模块写<span class="transparent">稳当</span>。
</p>
```

效果

别急着加功能，先把核心模块写稳当。

在线演示 15-17

3. 关键词 currentColor

它用来指代当前元素的 color 属性。

如果当前元素的 color 是 black，则 currentColor 就是 black。

代码

```
<style>
  p { color: black; }
  .child { border: solid currentColor; /*相当于 black*/}
</style>

<p>别急着加功能，先把核心模块写<span class="child">稳当</span>。</p>
```

效果

别急着加功能，先把核心模块写稳当。

在线演示 15-18

4. 精确色值

可以更精确地指定颜色，也更烦琐。

CSS 支持两种色彩模式——RGB 和 HSL。它们都是用于表示颜色的模型。

RGB 即光的三原色——红（Red）、绿（Green）、蓝（Blue）。所有的光色都是由这 3 种颜色组合得到的。

HSL 更符合人脑对颜色的思考方式，即色相（Hue）、饱和度（Saturation）、亮度（Lightness）。

这两种方式都是用于表示颜色的模型，它们都可以用自己的方式表示任何颜色，只不过角度不同。

5. RGB 模式

在 RGB 模式下，所有颜色都可以用红（Red）绿（Green）蓝（Blue）的不同配比组合得到。

如 rgb(100%, 0%, 0%) 为红色，rgb(100%, 50%, 0%) 为橘红色，rgb(80%, 0%, 100%) 为紫色，可以在浏览器内分别测试这几个值：

```
root { background  rgb(100%  0%  0%); }
```

除上面的语法外，RGB 还有其他几种写法。

（1）rgb(数字,数字,数字)。

rgb(100%, 0%, 0%)也可写成 rgb(255, 0, 0)，每种原色被分为 255 等分。0 表示完全没有强度，255 表示最高强度。

虽然 rgb(255, 0, 0)和 rgb(100, 0, 0)都是红色，但前者要比后者看上去更鲜艳，因为其发光强度高。这一点用黑色和白色也很好证明。RGB 模式下的黑色是 rgb(0, 0, 0)（三项都不发光），而白色是 rgb(255, 255, 255)（三项都发最强光）。

下面是 rgb()表示方式的示例。

```
rgb(255,0,0)
rgb(255, 0, 0)
rgb(100%,0%,0%)
rgb(100%, 0, 0%) /* 错误，百分比和整型不可混用 */
```

（2）十六进制法。

十六进制法可以非常紧凑地表示丰富的颜色。

红色 rgb(255, 0, 0) 在十六进制法中可以表示为#ff0000，其中 ff 表示 255。很奇怪，为什么用 ff 表示 255?

在十六进制中，所有的数都是满 16 进 1，0～10 分别表示为：

```
1,2,3,4,5,6,7,8,9,a,b,c,d,e,f,10。
```

咦，从第 10 位开始发生了奇怪的事情，数字怎么变成字母了？由于阿拉伯数字符号只发明了 0～9，符号不够用，所以就用字母表示不存在的符号，如 a 代表 10，b 代表 11 以此类推。

即十六进制中的 10 表示的是十进制中的 16，相对应的是，十六进制的 `ff` 就表示十进制的 255。

以下的十六进制表示方式都是正确的：

```
#ff0000
#FF0000 /* 大小写均可 */
#f00 /* #ff0000 的简写形式 */
#F00
```

6. HSL 模式

HSL 即色相（Hue）、饱和度（Saturation）、亮度（Lightness ）。任何颜色都可以通过这三者的不同配比来组合得到。其语法如下：

```
hsl(色相, 饱和度, 亮度)
```

色相通常使用度数来表示，如 0° 或 360° 都代表红色，整个色轮覆盖了所有的颜色，转一圈刚好回到起点，如图 15-1 所示。

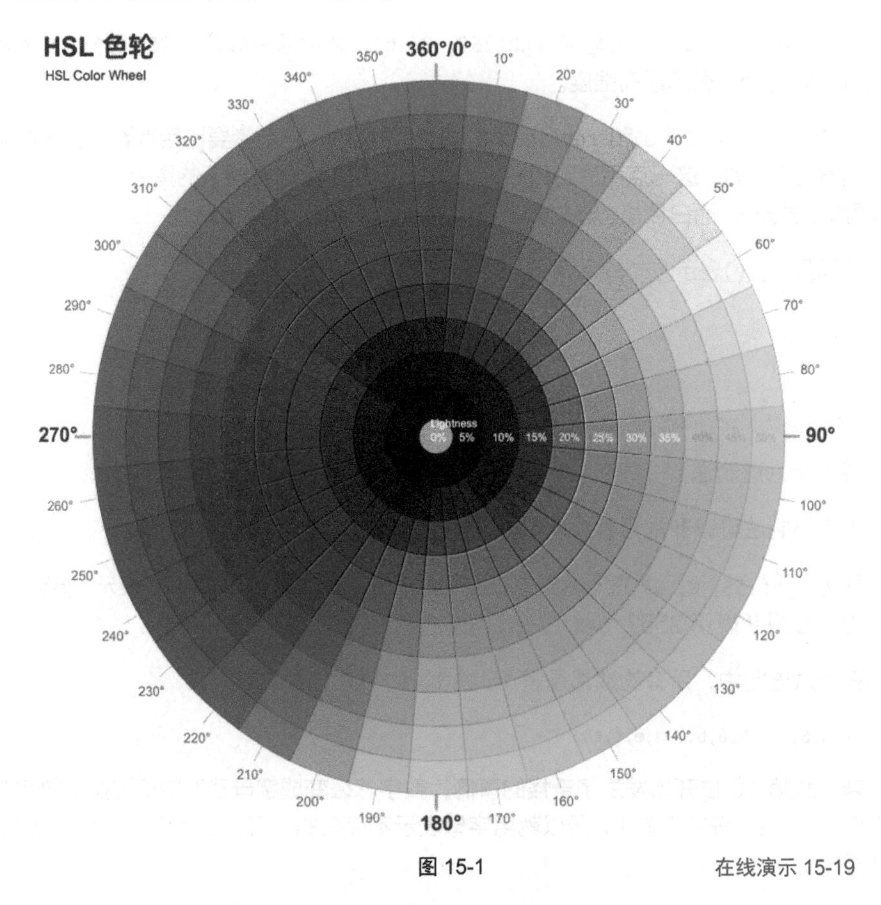

图 15-1　　在线演示 15-19

代码

```
<style>
  .box {
    width: 3em;
    height: 3em;
    display: inline-block;
  }

  .red { background: hsl(0, 100%, 50%); }
  .green { background: hsl(120, 100%, 50%); }
  .blue { background: hsl(240, 100%, 50%); }
</style>

<div class="box red"></div>
<div class="box blue"></div>
<div class="box green"></div>
```

效果

在线演示 15-20

7. Alpha 通道——不透明度通道

任何颜色都可以指定透明度。

从 CSS 3 开始，所有的颜色表示方式均引入了“不透明度”的概念。这意味着我们可以为元素指定半透明效果，见下方示例。

代码

```
<style>
  #parent {
    width: 500px;
    height: 300px;
    background: no-repeat url(https://public.biaoyansu.com/mao.jpg) center;
  }

  #child {
    width: 200px;
    height: 200px;
    background: rgba(0, 0, 0, .5); /* 半透明黑色，#child 后面的内容依然是可见的 */
    color: white;
    display: inline-block;
  }
</style>

<div id="parent">
  <h1 id="child">Yo</h1>
```

```
</div>
```

效果

在线演示 15-21

Alpha 通道可以用在任何颜色和场景上，既使是文字也没有问题，见下方示例。

代码

```
<style>
  body {
    background: no-repeat url(https://public.biaoyansu.com/mao.jpg);
    color: rgba(255, 255, 255, .5);
  }
</style>

<h1>我本来是白字，但是我有透明度，所以会和背景色相融合。</h1>
```

效果

我本来是白字，但是我有透明度，所以会和背景色相融合。

在线演示 15-22

15.8 本章小结

CSS 中的值与单位非常灵活，但在指定时要注意一致性。例如在指定色值时一会儿使用十六进制格式`#c10303`，一会儿使用 RGB 格式 `rgb(193, 3, 3)`就显得很混乱。

第 16 章

浮动

浮动是指让元素脱离文档流，使文字（行内元素）环绕在其周围。表 16-1 中列出了 float 的基本性质。

表 16-1

性质	说明
默认值	none
作用于	除 display: none 外的所有元素
默认继承	否
值	left、right、none、inline-start、inline-end

16.1 理解浮动

虽然浮动被大量用于布局，但布局从不是它的初衷。浮动最初的目的仅仅是想实现图文混排效果，比如，有一段图文混合的段落在没有使用浮动时是下面这样的。

代码

```
<style>
  body { max-width: 600px; } /*视觉辅助样式*/
</style>

<img src="https://public.biaoyansu.com/logo-sm.png">
Lorem ipsum dolor sit amet, consectetur adipisicing elit. ...
```

效果

Lorem ipsum dolor sit amet, consectetur adipisicing elit. Aut blanditiis dolor dolore doloremque eligendi eos fugit inventore ipsam iusto laboriosam magnam nam, neque provident quas unde. Ad deleniti illo saepe! Lorem ipsum dolor sit amet, consectetur adipisicing elit. Aut blanditiis dolor dolore doloremque eligendi eos fugit inventore ipsam iusto laboriosam magnam nam, neque provident quas unde. Ad deleniti illo saepe!

在线演示 16-1

使用浮动后变成了下面这样：

代码

```
<style>
  body { max-width: 600px; } /* 视觉辅助样式 */
  img {
    float: left; /* 浮动 */
    margin: .5em;
  }
</style>

<img src="https://public.biaoyansu.com/logo-sm.png">
Lorem ipsum dolor sit amet, consectetur adipisicing elit. ...
```

效果

Lorem ipsum dolor sit amet, consectetur adipisicing elit. Aut blanditiis dolor dolore doloremque eligendi eos fugit inventore ipsam iusto laboriosam magnam nam, neque provident quas unde. Ad deleniti illo saepe! Lorem ipsum dolor sit amet, consectetur adipisicing elit. Aut blanditiis dolor dolore doloremque eligendi eos fugit inventore ipsam iusto laboriosam magnam nam, neque provident quas unde. Ad deleniti illo saepe! Lorem ipsum dolor sit amet, consectetur adipisicing elit. Asperiores deleniti distinctio doloremque, eius enim, ex hic labore libero magnam maxime odit optio quas quasi, quia quibusdam quisquam quos sed temporibus.

在线演示 16-2

能看出：

◎ 在使用浮动前，<img>和一个文字的表现无异，但由于图片的尺寸比文字大得多，很容易导致文字间出现不正常的间隙。

◎ 在使用浮动后，图片脱离了原有的文档流，不再被视为文字（虽然依旧会被容器限制），这样就可以轻松实现图文混排了。

虽说浮动最初是为了实现图文混排，但浮动实际上可以作用在任何元素上。

以<div>为例，在不浮动的情况下它会打断所在行，因为<div>是块级元素，占母元素整宽，见下方示例。

代码

```
<style>
  body { max-width: 600px; } /*视觉辅助样式*/
  div {
    border: 1px solid;
    margin: 1em;
  }
</style>
Lorem ipsum dolor sit amet, ...
<div>可靠的前提是简洁。</div>
consectetur adipisicing elit. ...
```

效果	Lorem ipsum dolor sit amet, consectetur adipisicing elit. Aut blanditiis dolor dolore doloremque eligendi eos fugit 可靠的前提是简洁。 inventore ipsam iusto laboriosam magnam nam, neque provident quas unde. Ad deleniti illo saepe! Lorem ipsum dolor sit amet, consectetur adipisicing elit. Aut blanditiis dolor dolore doloremque eligendi eos fugit inventore ipsam iusto laboriosam magnam nam, neque provident quas unde. Ad deleniti illo saepe! Lorem ipsum dolor sit amet, consectetur adipisicing elit. Asperiores deleniti distinctio doloremque, eius enim, ex hic labore libero magnam maxime odit optio quas quasi, quia quibusdam quisquam quos sed temporibus. 在线演示 16-3

现在让<div>浮动：

代码	`div { float: left; } /* ... */`
效果	Lorem ipsum dolor sit amet, consectetur adipisicing elit. Aut blanditiis dolor 可靠的前提是简洁。 dolore doloremque eligendi eos fugit inventore ipsam iusto laboriosam magnam nam, neque provident quas unde. Ad deleniti illo saepe! Lorem ipsum dolor sit amet, consectetur adipisicing elit. Aut blanditiis dolor dolore doloremque eligendi eos fugit inventore ipsam iusto laboriosam magnam nam, neque provident quas unde. Ad deleniti illo saepe! Lorem ipsum dolor sit amet, consectetur adipisicing elit. Asperiores deleniti distinctio doloremque, eius enim, ex hic labore libero magnam maxime odit optio quas quasi, quia quibusdam quisquam quos sed temporibus. 在线演示 16-4

和图片一样，由于脱离了文档流，<div>不再拥有整宽特性，文字同样会环绕在其周围。

16.2　单元素浮动的显示方式

浮动后的元素会自动显示为块级元素。这意味着除不占整宽外，其他的表现形式均与块级元素一致（可以加 padding、margin 等）。

下面以<a>元素作为一个行内元素。在未浮动前它是这样的：

代码

```
<style>
  a {
    padding: 2em;
    border: solid;
  }
</style>
```

```
<div class="parent">
  <a href="#">Yo</a>
</div>
```

效果

Yo

在线演示 16-5

在未浮动之前<a>元素是行内元素，意味着其 padding、border、margin 都不会在纵向上对其他元素产生影响（虽然其本身确实着色了），<a>的上下部分不可见。此时如果让<a>浮动，则情况就变了：

代码

```
<style>
  a {
    float: left;
    padding: 2em;
    border: solid;
  }
</style>

<div class="parent">
  <a href="#">Yo</a>
</div>
```

效果

Yo

在线演示 16-6

<a>所有部分都可见了，意味着其 padding、border、margin 在各个方向都对周围产生了影响，因为此时<a>是一个块级元素。

16.3 多元素浮动的显示方式

可以通过容器使得多个元素同时浮动。

16.3.1 浮动容器

默认情况下，浮动元素的位置不会超出其容器的内容区。例如，我们在给一个容器限定宽度的同时为其指定两个浮动的子元素，见下方示例。

代码

```
<style>
  .parent { /*视觉辅助*/
    border: solid #aaa;
    width: 10em;
```

```
    height: 10em;
  }

  .fl, .fr { /*视觉辅助*/
    width: 2em;
    height: 2em;
    background: #000;
  }

  .fl { float: left; }
  .fr { float: right; }
</style>

<div class="parent">
  <div class="fl"></div>
  <div class="fr"></div>
</div>
```

效果

在线演示 16-7

可见，无论是左浮动还是右浮动，子元素都没有超出母元素的内容区。

该特性在特殊定位的容器内同样有效，见下方示例。

代码

```
.parent {
  position: fixed; /*哪怕母元素是 fixed 定位也没有关系*/
} /* ... */
```

效果

在线演示 16-8

16.3.2　多元素浮动的关系

默认情况下，多个浮动元素是不会互相重叠的。当多个并列的元素同时浮动时，它们会像文字一样流动。

以下方两个元素为例，我们让它们全部向左浮动，见下方示例。

代码

```
<style>
  .parent { /*视觉辅助*/
    border: solid #aaa;
    width: 12em;
    height: 12em;
  }

  .fl { /*视觉辅助*/
    width: 3em;
    height: 3em;
    border: solid;
  }

  .fl { float: left; }
</style>

<div class="parent">
  <div class="fl">A</div>
  <div class="fl">B</div>
</div>
```

效果

在线演示 16-9

可以看到，A 和 B 并没有重叠，这是浮动的不重叠特性。

当浮动的元素更多以至于一行放不下时，元素会自动换行，见下方示例。

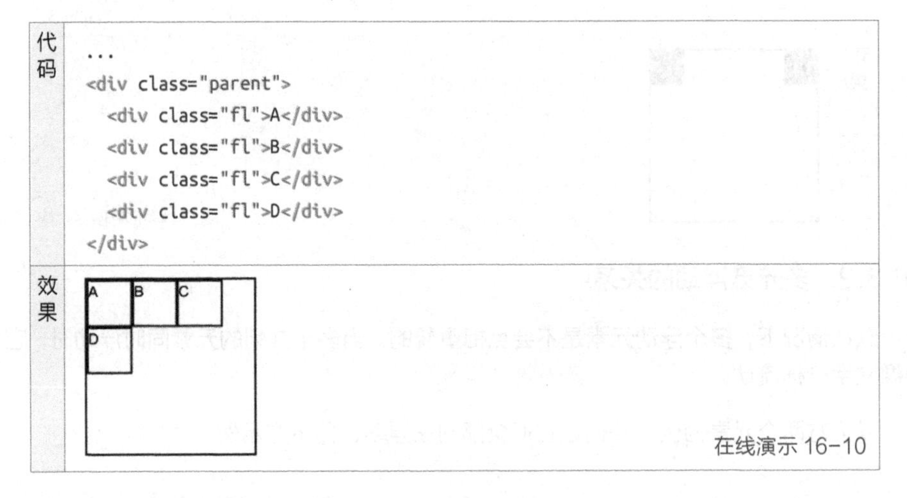

代码

```
...
<div class="parent">
  <div class="fl">A</div>
  <div class="fl">B</div>
  <div class="fl">C</div>
  <div class="fl">D</div>
</div>
```

效果

在线演示 16-10

浮动的元素之间的关系表现和文字非常相似：

（1）流动。如果上边或左边还有空间，则自动填充。

（2）换行。如果一行放不下，则移到下一行的起始位置。

16.4　浮动思维模型

对于复杂的浮动组合，默认情况下所有元素都是“紧贴”着浏览器的，按出现顺序排列见下方示例。

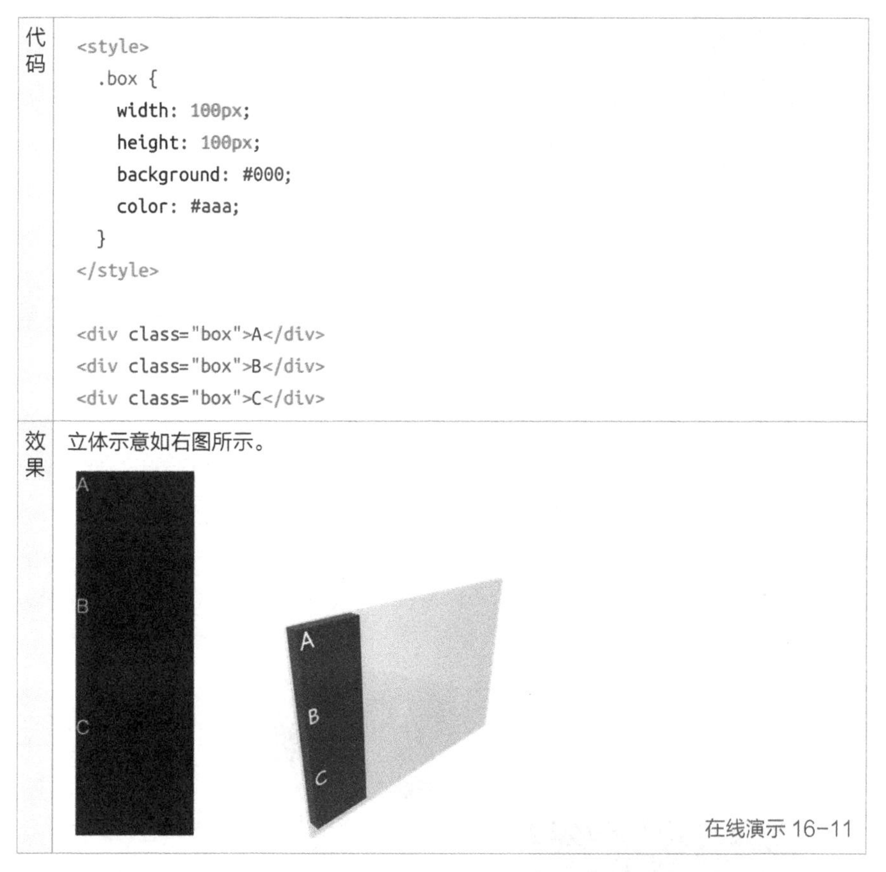

代码

```
<style>
  .box {
    width: 100px;
    height: 100px;
    background: #000;
    color: #aaa;
  }
</style>

<div class="box">A</div>
<div class="box">B</div>
<div class="box">C</div>
```

效果

立体示意如右图所示。

在线演示 16-11

当 A 浮动时，会上移一层（更接近观察者），B 和 C 会向上补位，但 B 被 A 挡住，见下方示例。

代码

```
<style>
  /* 同上 */

  .fl {
    float: left;
```

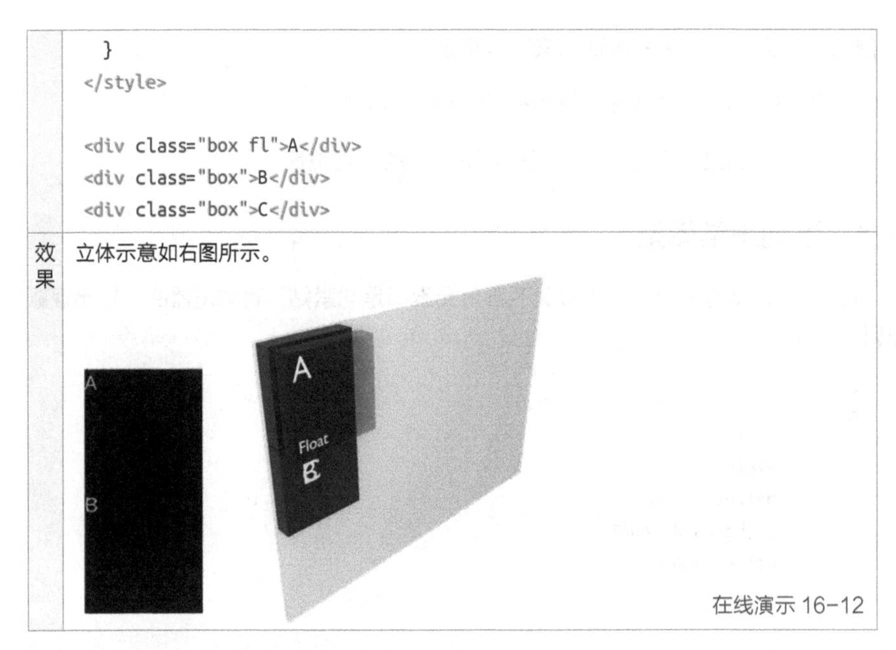

```
  }
</style>

<div class="box fl">A</div>
<div class="box">B</div>
<div class="box">C</div>
```

效果 立体示意如右图所示。

在线演示 16-12

同样的，此时让 B 浮动，B 也会上移一层，排在 A 的右侧（观察者角度），C 会继续向上补位，被 A 挡住，见下方示例。

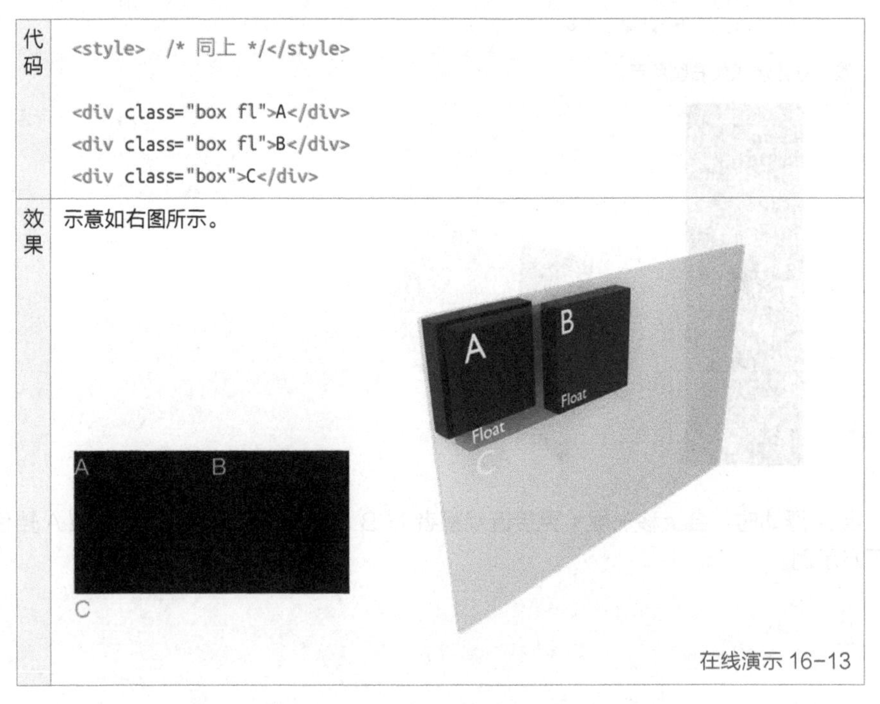

代码

```
<style>  /* 同上 */</style>

<div class="box fl">A</div>
<div class="box fl">B</div>
<div class="box">C</div>
```

效果 示意如右图所示。

在线演示 16-13

当所有元素浮动时，它们会依次排列，如同文字流动一般自动补到前一元素的右侧（观察者角度），其中的文字也会显示正常，见下方示例。

代码

```
<style>  /* 同上 */</style>

<div class="box fl">A</div>
<div class="box fl">B</div>
<div class="box fl">C</div>
```

效果　立体示意如右图所示。

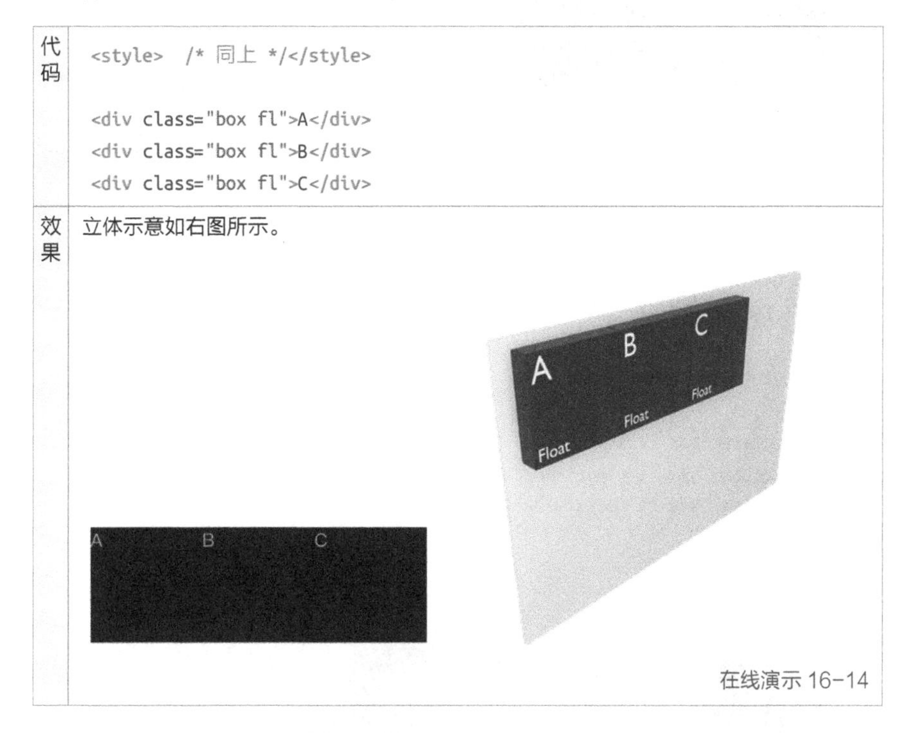

在线演示 16-14

16.5　清除浮动

如果将浮动元素看成流动的文字，则清除浮动就相当于文字编辑中的断行。以之前的代码为例：

代码

```
<style>
  .box {
    width: 100px;
    height: 100px;
    background: #000;
    color: #aaa;
  }

  .fl {
    float: left;
  }
</style>

<div class="box fl">A</div>
<div class="box fl">B</div>
<div class="box fl">C</div>
```

效果

在线演示 16-15

A、B、C 三个元素都在浮动，如果想在 A 和 B 之间“断行”应该这么做？此时就要用到清除浮动：

代码

```
<style>
  .clear {
    clear: both; /* 清除左右浮动，也可以明确指定 left 或 right*/
  }
</style>

<div class="box fl">A</div>
<div class="box fl clear">B</div>
<div class="box fl">C</div> <!-- ... -->
```

效果

示意如右图所示。

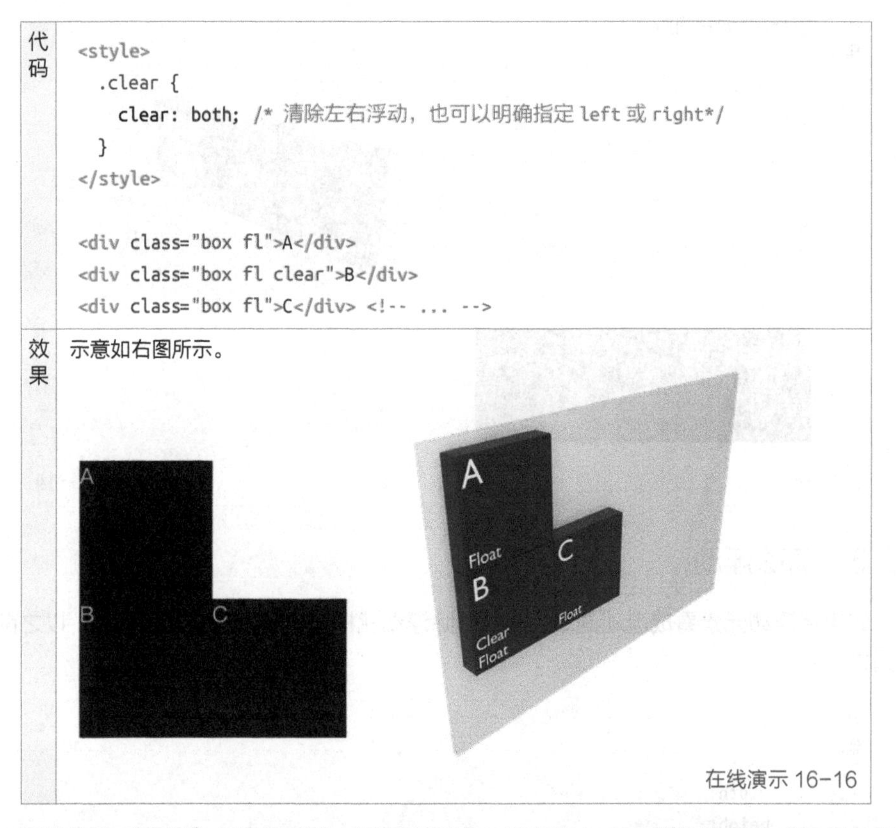

在线演示 16-16

虽说这种“断行”行为被叫作“清除浮动”，但事实上，它就是单纯的“另起一行”而已，浮动依然存在，即 B 和 C 依然浮着。

同断行一样，也可以设置多个清除浮动。比如，在清除 B 的基础上再清除 C，见下方示例。

代码

```
<div class="box fl">A</div>
<div class="box fl clear">B</div>
<div class="box fl clear">C</div> <!-- ... -->
```

效果

示意如右图所示。

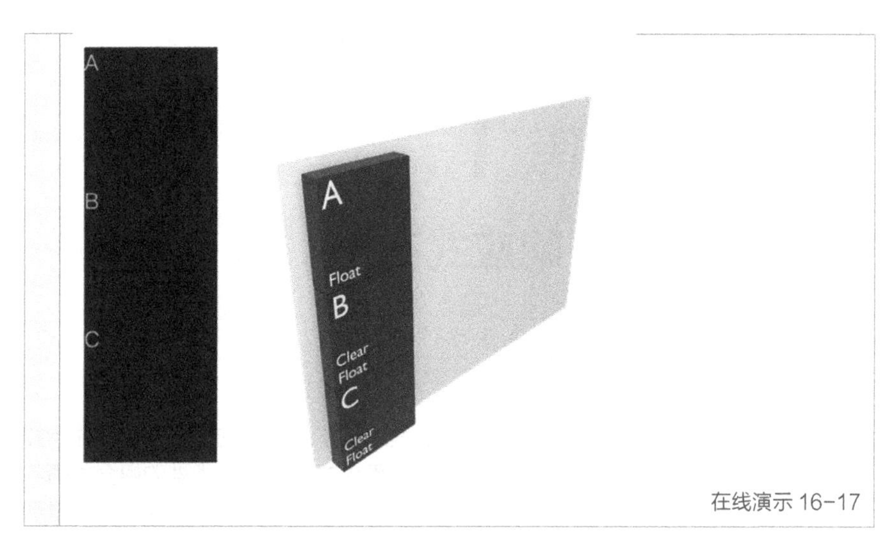

在线演示 16-17

完整动画见在线演示 16-18。

16.6　本章小结

由于早期的 CSS 缺乏布局专用样式，所以一些头脑灵活的前辈们就利用浮动的流动灵活性进行布局。这种“错用”方式在 CSS 3 加入了专用的布局方式（`Flex` 和 `Grid`）后，已经显得有些简陋了。在后面的章节中我们会讨论 CSS 3 中的专用布局方式。

第 17 章 响应式布局

随着硬件和 Web 场景的变化，网页可能会呈现在不同类型的媒介上，如显示器、盲人读屏器、电子阅读器，甚至是打印出的纸张上。不仅如此，相同类型的媒介也有不同程度的属性差异，比如桌面端（PC、笔记本等）和手机虽然都是电子屏媒介，但是两者有很大的尺寸及比例差异。这就导致如果我们仅以其中一种媒介和媒介特性为标准来开发，则会冷落其他类型的媒介，其他媒介的用户体验很差，甚至完全无法使用。

最直接的想法是为每种媒介各写一套样式，可世界上有成千上万的设备类型，而且可预见的，未来的新设备会层出不穷，且相同设备由于版本不同，其屏幕特点也不同（比如 iPhone 不同版本的屏幕尺寸也不同），这样一想，定制样式的想法就很可怕，因为工作量太大了，而媒介查询就是用来解决这个问题的。

媒介查询语法如下：

```
@media 条件 {
  满足条件才会作用的样式规则
}
```

17.1 媒介的类型

媒介查询的常用类型有以下几种。

- `all`：所有媒介。
- `screen`：显示屏。如电脑、手机、电子阅读器。
- `print`：打印显示。由于纸张有宽高限制，并不像虚拟屏幕那样拥有无限宽高，所以独立为一种类型。

这样就可以通过不同类型的媒介分别指定样式，比如对于下面的 HTML 代码：

```
<h1>别担心</h1>
<p>别担心，只要放任不管，有可能出事的就一定会出事，迟早问题。</p>
```

显示屏下为元素加实线边框：

代码

```
@media screen {
  h1, p {
    border: solid;
  }
}
```

效果

在线演示 17-1

打印出来为元素加虚线边框：

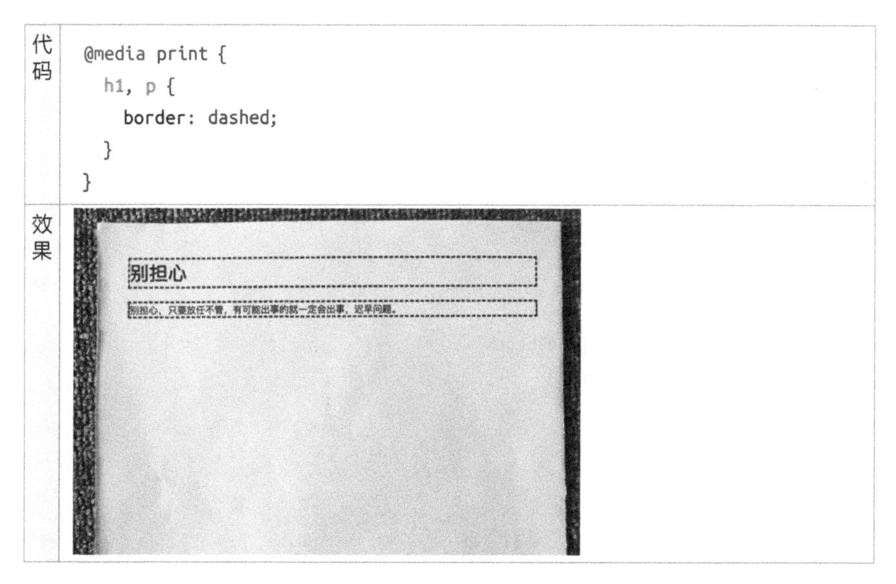

代码

```
@media print {
  h1, p {
    border: dashed;
  }
}
```

效果

你也可以将同一样式应用于多种设备，只需将设备类型用逗号分隔开即可：

```
@media screen, print {
  h1, p {
    border: solid;
  }
}
```

17.2　媒介的特性

不同的媒介有不同的特性。相同的媒介也存在差异，比如不同类型的屏幕分辨率不同，比例不同，更不用说环境的变化对媒介及显示需求的影响。比如用户手动调整视窗尺寸、周围环境光的变化等，都会产生不同的问题，这些都是影响浏览体验的因素。

1. 宽和高的范围

在这些不同的特性和变化中，最值得注意的是页面的比例变化，尤其是宽度变化。因为宽度的变化通常也代表着使用场景的变化，比如，当视窗宽度大于 800px 时，用户通常是在桌面端或平板电脑上浏览，而尺寸小于 400px 时，用户通常是在手机上浏览。

不同尺寸的设备有着不同的需求，比如下方的页面:

代码

```
<style>
  nav { text-align-last: justify; }

  nav a {
    display: inline-block;
    padding: 10px;
    text-decoration: none;
    color: #555;
  }

  h1 {
    font-size: 40px;
    text-align: center;
  }

  .group { display: inline-block; }
</style>

</head>
<body>

<nav>
  <div class="group">
    <a href="#">首页</a>
    <a href="#">产品</a>
    <a href="#">支持</a>
    <a href="#">联系我们</a>
  </div>
  <div class="group unimportant">
    <a href="#">博客</a>
    <a href="#">关于我们</a>
  </div>
</nav>

<h1>我们是家好公司</h1>
```

效果	桌面端显示结果如下图所示。 首页　产品　支持　联系我们　　　　博客　关于我们 我们是家好公司
	移动端显示结果如下图所示。 首页　产品　支持　联系我们 博客　关于我们 我们是家好公司

移动端呈现信息的空间较小，所以在移动端显示的应该是最重要、最常用的信息，一些不紧要的信息甚至可以不显示。

在上面的示例中我们可以明显看出，移动端的信息可以进一步被简化以节省空间。比如，第 2 组链接（作用了`.unimportant`类的 `div`）完全可以不显示，此时媒介查询就派上用场了。

我们可以告诉浏览器在不同宽度下加载不同样式：

代码

```
<style>
  /* ... */

  /* 如果视窗小于 450px，则加载大括号里的所有样式 */
  @media (max-width: 450px) {
    .group.unimportant {
      display: none;
    }
  }
</style>
```

效果

首页　产品　支持　联系我们

我们是家好公司

上例中(`max-width: 450px`)告诉浏览器，只有当宽度小于或等于 450px 时才作用样式规则。同样，如果想在宽度大于 800px 时作用样式，则可以用(`min-width: 800px`)，其中的样式规则没有限制，比如为标题添加边框、更改背景色等，见下方示例。

代码

```css
@media (min-width: 800px) {
  h1 { border: solid; }
  nav { background: #ccc; }
}
```

效果

首页　产品　支持　联系我们　　　　博客　关于我们

我们是家好公司

2. 页面比例

媒介查询支持检测宽高比变化，即我们平常说的横屏竖屏检测。图 17–1 为横屏，图 17–2 为竖屏。

图 17-1

图 17-2

我们可以根据页面的长宽比例来动态指定样式。比如，当页面长大于宽时为黑色背景，宽大于长时为白色背景，见下方示例：

代码

```css
<style>
  /* 长大于宽 */
  @media (orientation: landscape) {
    body {
      background: #000;
      color: #fff;
    }
  }

  /* 宽大于长 */
  @media (orientation: portrait) {
```

```
    body {
      background: #ccc;
      color: #000;
    }
  }
</style>

<h1>Yo</h1>
```

效果　当长大于宽时，如下左图所示。当宽大于长时，如下后图所示。

Yo

Yo

17.3 规则组合

在更复杂的情况下，规则可以组合使用。比如，想在视窗宽度大于 800px 且长大于宽时，使用黑色背景；视窗宽度小于 400px 且宽大于长时，使用白色背景。见下方示例。

```
<style>
  /* 视窗宽度大于 800px 且长大于宽 */
  @media (min-width: 800px) and (orientation: landscape) {
    body {
      background: #000;
      color: #fff;
    }
  }
  /* 视窗宽度小于 400px 且宽大于长 */
  @media (max-width: 400px) and (orientation: portrait) {
    body {
      background: #ccc;
      color: #000;
    }
  }
</style>

<h1>Yo</h1>
```

缩放浏览器会发现，只有完全满足这两种条件的情况下才会作用对应的样式。

17.4 添加媒介查询的常见方式

除直接在样式中用关键词`@media`添加媒介查询外，还有其他添加媒介查询的方式。

1. 用@import设置媒介查询

```
@import url('style.css') screen;
@import url('style.css') screen and (orientation:landscape);
@import url('style.css') screen and (orientation:landscape) and (min-width: 800px);
```

注意，无论条件如何，CSS 文件都会先下载，然后才看是否要加载其中的样式规则。

2. 用<link>设置媒介查询

```
<link rel="stylesheet" href="style.css" media="screen">
<link rel="stylesheet" href="style.css" media="screen and (orientation:landscape)">
<link rel="stylesheet" href="style.css" media="screen and (orientation:landscape) and
(min-width: 800px)">
```

3. 用<style>标签设置媒介查询

```
<style media="screen"></style>

<style media "screen and (orientation:landscape)"></style>

<style media "screen and (orientation:landscape) and (min-width: 800px)"></style>
```

用这些方式通常是为了更方便地管理不同显示下的样式，让浏览器根据情况加载样式，但所有方式都会先下载样式文件（或内容）。

17.5 本章小结

媒介查询让不同媒介作用不同样式，让不同平台、不同设备的输出有了一致的体验。我们既可以通过媒介类型，也可以通过媒介尺寸来调整样式。

这种思路将跨设备这个棘手的问题解决得非常巧妙。由于只需要关注媒介类型和尺寸，所以理论上，我们在开发的过程中完全可以忽略设备、操作系统、浏览器间的差异，这样开发效率大大提高。

虽然不同平台依然存在种种细微差异，但有一个好的标准基础，抹平这些差异也只是时间问题。

第 18 章 弹性布局

布局是一切视觉工作的开始，可以说它是网页开发中最重要的部分之一。然而在 CSS 3 之前竟没有专门用于布局的属性，所以我们所有的布局工作都是通过蹩脚地使用其他属性绕道解决的，比如使用表格元素、浮动属性、行内块显示等。但是这些属性中没有一个是为布局而生的，它们或多或少都有缺陷或隐患。没有办法，这种做法虽然不够“干净”，却很大程度上解决了问题。

CSS 3 问世后布局问题得到了改善，Flex 概念的引入让布局不再“别扭”，以前需要借用多个属性、多个条件才能完成的布局，现在只需要很少几步，甚至一步就能完成。

网页中布局的本质就是区域的分割和摆放。所有的布局操作都是在分割页面不同的区域，以及将它们合理摆放。小到一个按钮，大到整张网页均是如此。

18.1 Flexbox（弹性盒）

弹性布局是一套布局体系，即它是多个属性的组合，而不是一个属性。使用弹性布局往往需要多个元素和属性的配合。这样做的好处是：每种属性既能各司其职管好自己的事情，也能灵活组合将创造力最大化。

无论我们要做怎样的布局、布局多少元素，要使用弹性布局，就得先有一个弹性容器来包含所有需要布局的东西，如图 18-1 所示。

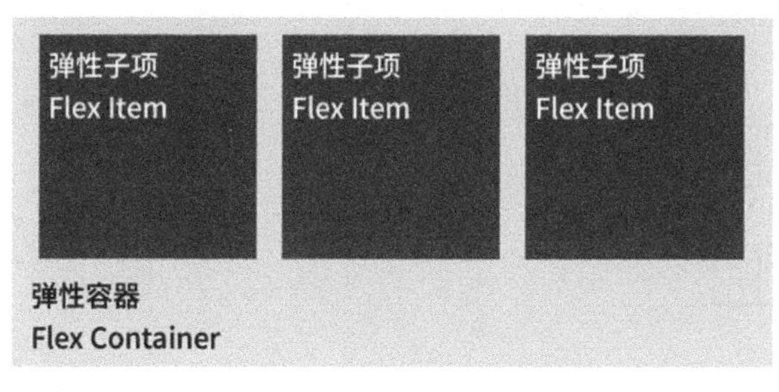

图 18-1

可以通过 display 属性指定弹性容器，可以是 display: flex，也可以是 display: inline-flex。flex 用于块级元素，inline-flex 用于行内和行内块元素。具体见下方示例。

代码

```
<style>
  /* 将容器变为弹性容器 */
  .flex { display: flex; }

  /* 将容器变为行内弹性容器 */
  .inline-flex { display: inline-flex; }

  .parent {
    padding: 10px;
    margin-bottom: 10px;
    background: #ddd;
  }

  .child {
    padding: 10px;
    margin: 2px;
    border: 1px solid #000;
  }
</style>

<div class="parent flex">
  <div class="child">A</div>
  <div class="child">B</div>
  <div class="child">C</div>
</div>

<div class="parent inline-flex">
  <div class="child">A</div>
  <div class="child">B</div>
  <div class="child">C</div>
</div>
```

效果

A B C

A B C

在线演示 18-1

flex 占母元素整宽，而 inline-flex 占的宽度由内容决定。flex 跟 block 和 inline-block 非常相似，只不过它的隐藏技能要多得多。

只要母元素显示为 flex 或 inline-flex，其子元素就会变成相应的弹性子项，无论它们是什么元素。

提示：在将容器弹性化后，其子元素的 float、clear 和 vertical-align 属性将失效。

注意，弹性容器仅影响它的下一级（即儿子辈），而不是所有后代，见下方的代码。

```
<section class="flex">
  <div> <!-- 弹性子项 -->
    <p>1</p> <!-- 不是弹性子项 -->
    <p>2</p>
  </div>
  <div> <!-- 弹性子项 -->
    <p>1</p> <!-- 不是弹性子项 -->
    <p>2</p>
  </div>
</section>
```

18.2　了解 Flex（轴）

任何一个弹性容器都有两个基础轴——主轴和交叉轴。

◎　主轴（Main Axis）即弹性容器的主要走向（默认从左到右）。
◎　交叉轴（Main Axis）即横轴的垂直走向（默认从上到下）。

它们如同万有引力一般，虽然看不见，却无时无刻不产生着影响，因为所有子元素的排列和对齐方式都是基于 Flex 轴的，如图 18-2 所示。

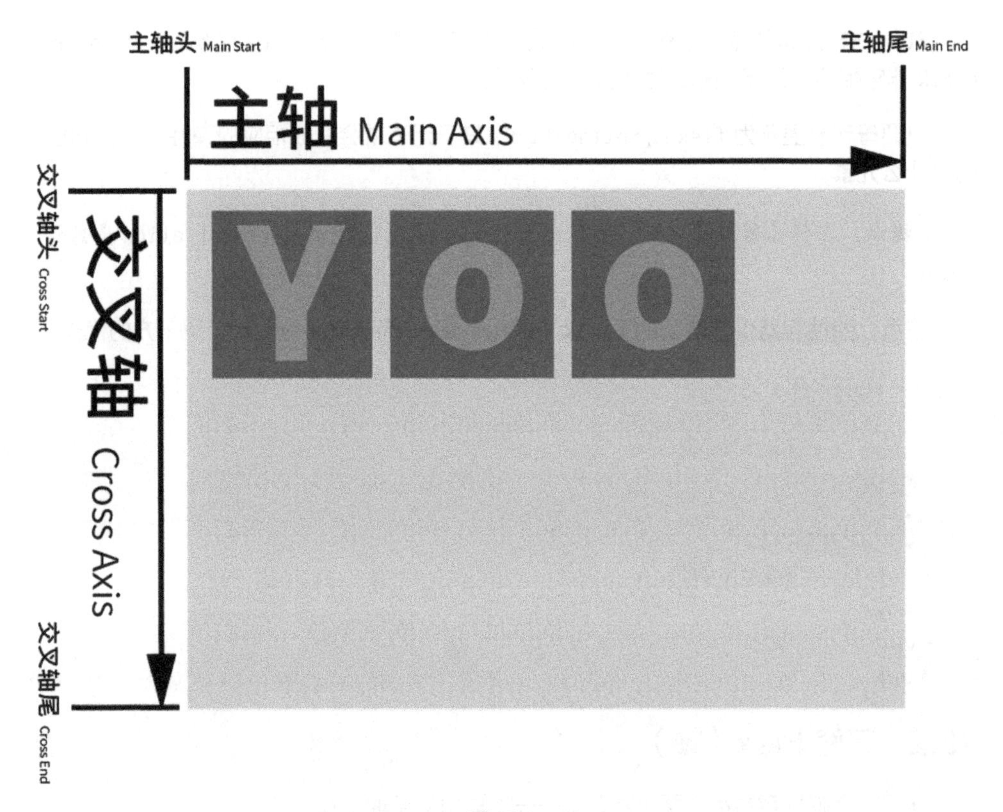

图 18-2

18.3 Flex 的属性

下面介绍 Flex 的主要属性。

18.3.1 flex-direction——控制主轴方向

可以使用 flex-direction 来控制主轴引力方向。

1. row——正序行（默认值）

其示意如图 18-3 所示。

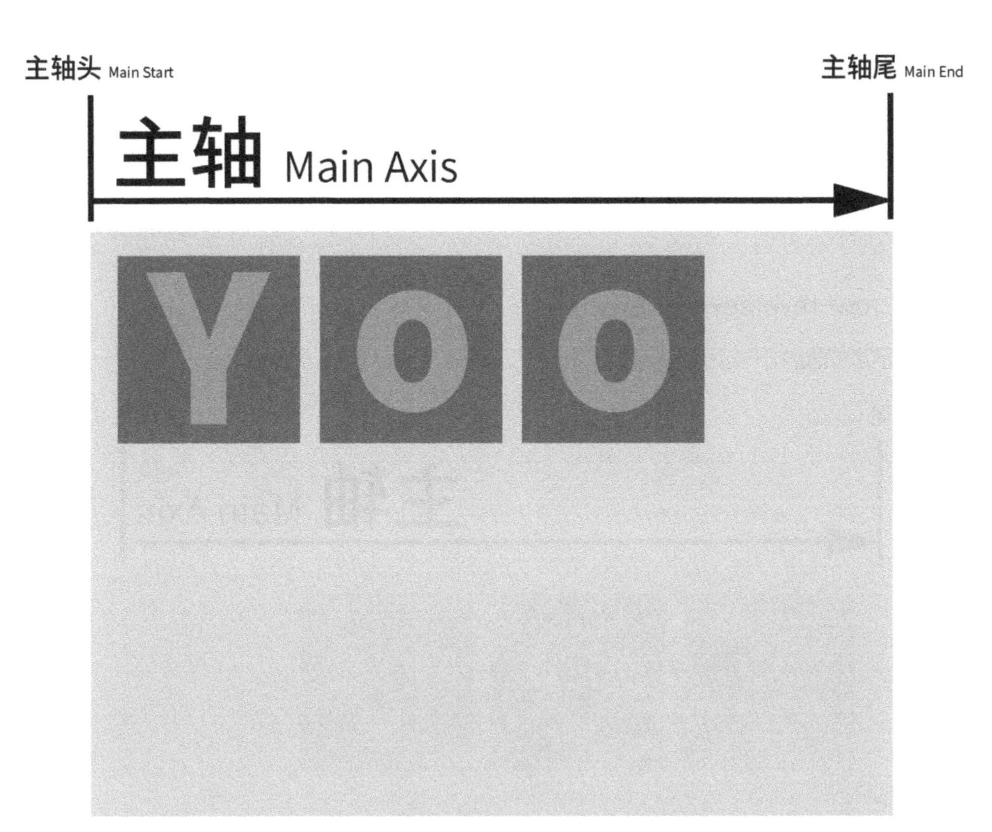

图 18-3

代码

```
<style>
  .parent {
    display: flex;
    flex-direction: row; /*以正序行排列子项 */
    border: 3px dashed #ccc;
  }

  .child {
    padding: 10px;
    border: 2px solid #000;
  }
</style>

<div class="parent">
  <div class="child">A</div>
  <div class="child">B</div>
```

	`<div class="child">C</div>` `</div>`
效果	A B C 在线演示 18-2

2. row-reverse——倒序行

其示意如图 18-4 所示。

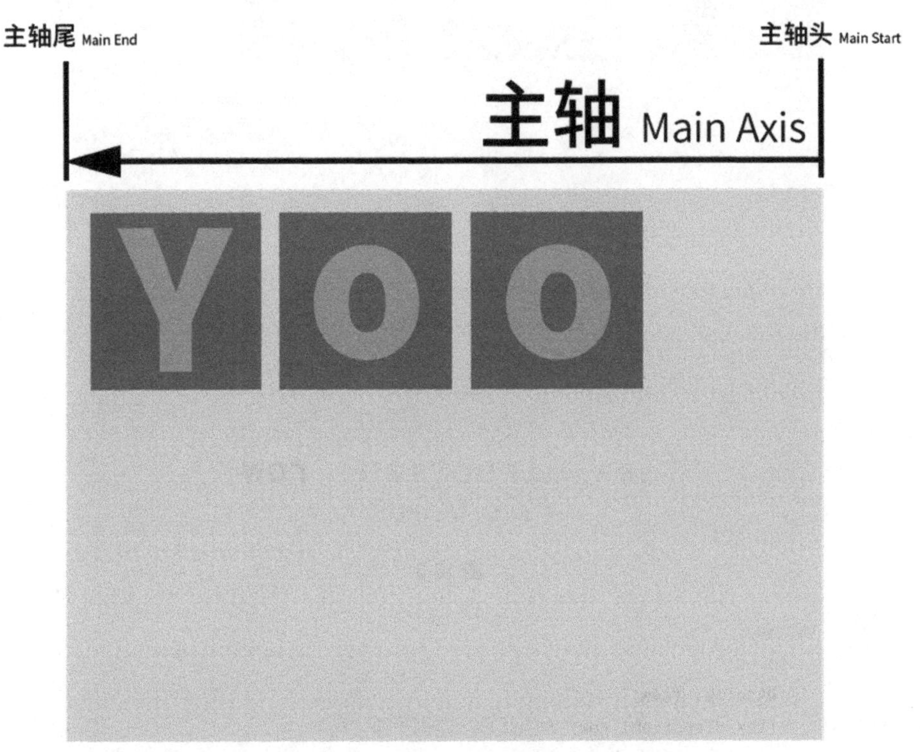

图 18-4

代码	`.parent {`
	`  /* ... */`
	`  flex-direction: row-reverse; /* 从右到左 */`
	`}`

效果	C B A 在线演示 18-3

3. column——正序列

其示意图如图 18-5 所示。

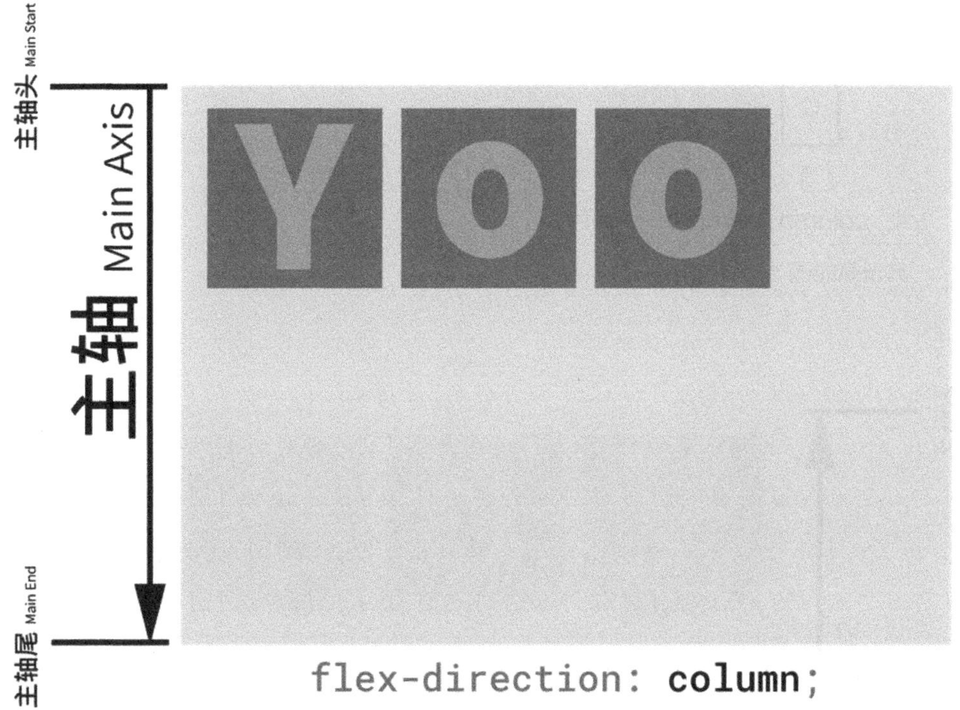

图 18-5

代码

```
.parent {
  /* ... */
  flex-direction: column; /* 从上到下 */
}

.child {
  display: inline-block; /* 视觉辅助 */
  /* ... */
}
```

4. column-reverse——倒序列

其示意如图 18-6 所示。

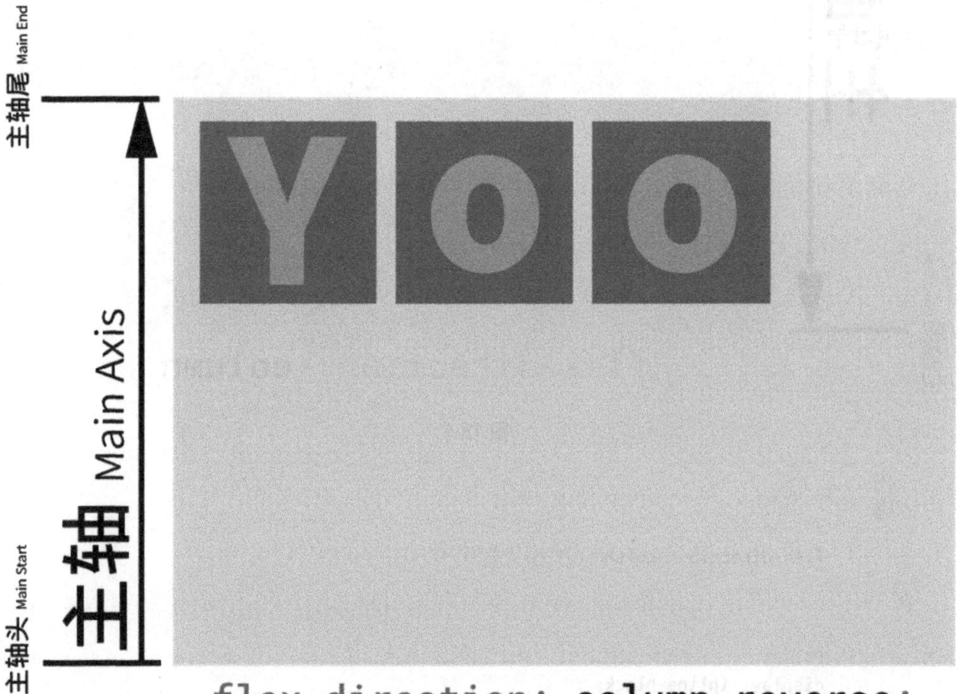

图 18-6

代码

```
.parent {
  /* ... */
  flex-direction: column-reverse; /* 从下到上 */
}

.child {
  display: inline-block; /* 视觉辅助 */
```

```
  /* ... */
}
```

效果

在线演示 18-5

18.3.2　flex-wrap——子项是否可以换行

1. nowrap——**不换行**

其示意如图 18-7 所示。

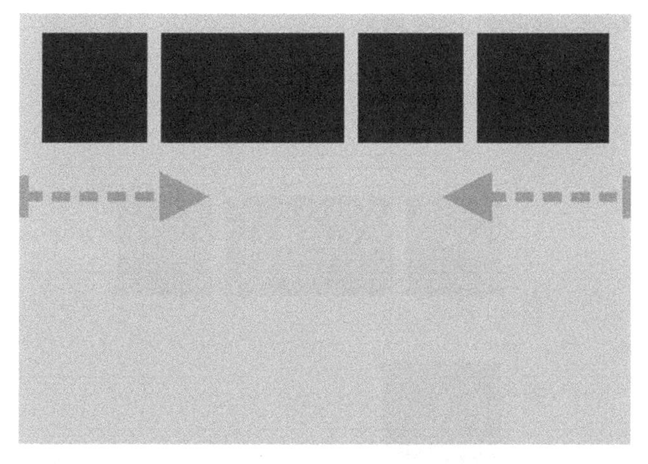

图 18-7

flex-Warp 项的默认值为 nowrap（即不换行），所有子项共享容器宽度，如果宽度不够则挤压每个子项的宽度，见下方示例。

代码

```
<style>
  .parent {
    display: flex;
    flex-wrap: nowrap; /* 默认值 */
    width: 300px; /* 限制容器宽度 */
    border: 3px dashed #ccc;
  }

  .child {
    width: 100px; /* 子项宽度总和大于容器宽度 */
    padding: 10px;
```

```
    border: 2px solid #000;
  }
</style>

<div class="parent">
  <div class="child">A</div>
  <div class="child">B</div>
  <div class="child">C</div>
  <div class="child">D</div>
</div>
```

效果

A	B	C	D

在线演示 18-6

可以看出虽然四个元素的总宽度大于容器宽度，但是由于当前换行模式为 nowrap，所以每个元素都会牺牲一些宽度以求全部放在一行。

2. wrap——换行

其示意如图 18-8 所示。

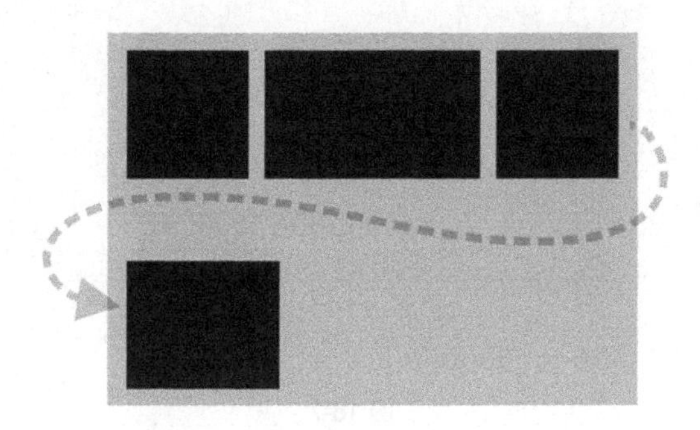

图 18-8

当子项总宽度大于容器宽度时就另起一行，你可以将每个子项理解为段落中的文字，wrap 模式下子项具有“流动性”。

```
.parent {
  flex-wrap: wrap;
  /* ... */
}
```

在更复杂的情况下，条件可以组合使用。比如，想在视窗宽度大于 800px 且长大于宽时，使用黑色背景；在视窗宽度小于 400px 且宽大于长时，使用白色背景。

3. wrap-reverse——倒置换行

其示意如图 18-9 所示。

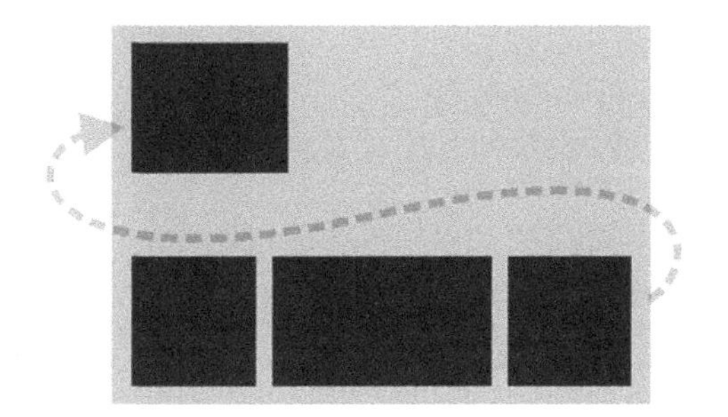

图 18-9

该方式与 wrap 相似，方向相反，见下方示例。

代码

```
.parent {
  flex-wrap: wrap-reverse;
}
```

效果

C	D
A	B

在线演示 18-7

18.3.3　flex-flow——同时指定方向和换行模式

该属性是 flex-direction 和 flex-wrap 属性的快捷方式，让四个元素以正序行方式流动且断行。其语法为：

```
flex-flow: <flex-direction> <flex-wrap>
```

示例如下。

代码

```
<style>
  .parent {
    display: flex;
    flex-flow: row wrap; /* 相当于 flex-direction: row; flex-wrap: wrap; */
    width: 300px; /* 容器宽度 */
    border: 3px dashed #ccc;
  }

  .child {
    width: 100px; /* 子项宽度总和远远大于容器宽度 */
    padding: 10px;
    border: 2px solid #000;
  }
</style>

<div class="parent">
```

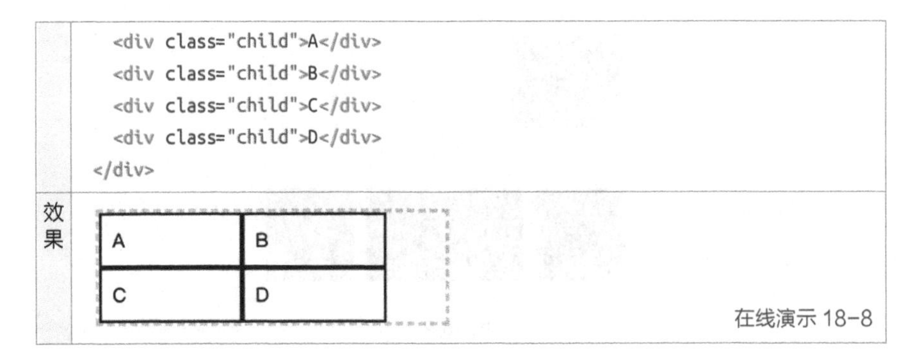

```
  <div class="child">A</div>
  <div class="child">B</div>
  <div class="child">C</div>
  <div class="child">D</div>
</div>
```

效果

在线演示 18-8

18.3.4 justify-content——主轴方向排列方式

`justify-content` 用于调整子项在主轴上的摆放方式及子项间的间隙。

1. flex-start——头对齐

其示意如图 18-10 所示。

图 18-10

示例如下。

代码

```
<style>
  .parent {
    display: flex;
    flex-wrap: wrap;
    justify-content: flex-start; /* 向头部对齐 */
    width: 500px;
    border: 3px dashed #ccc;
  }

  .child {
    width: 100px;
    padding: 10px;
    border: 2px solid #000;
  }
</style>

<div class="parent">
  <div class="child">A</div>
  <div class="child">B</div>
```

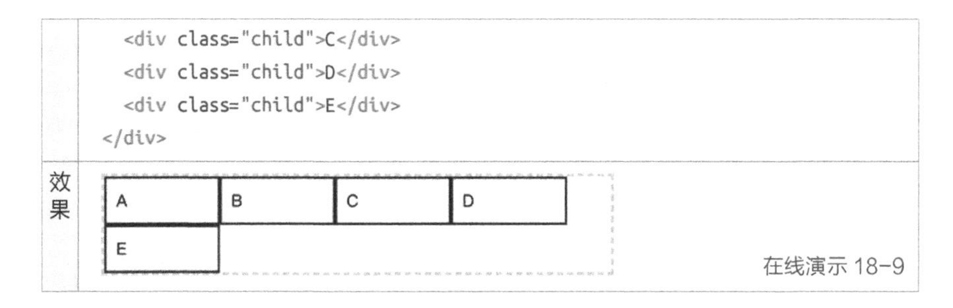

```
    <div class="child">C</div>
    <div class="child">D</div>
    <div class="child">E</div>
  </div>
```

效果

在线演示 18-9

2. flex-end——尾对齐

其示意如图 18-11 所示。

图 18-11

示例如下。

代码

```
.parent {
  justify-content: flex-end;
  /* ... */
}
```

效果

A　B　C　D

E

在线演示 18-10

3. center——居中

其示意如图 18-12 所示。

图 18-12

示例如下。

代码

```
.parent {
  justify-content: center;
  /* ... */
}
```

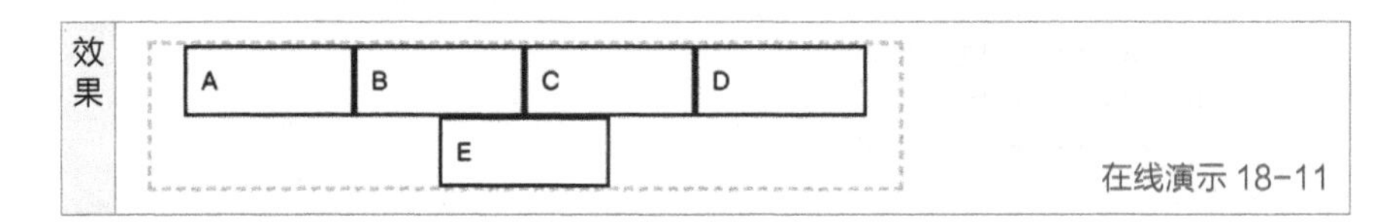

4. space-between——两端对齐，间隙平均

其示意如图 18-13 所示。

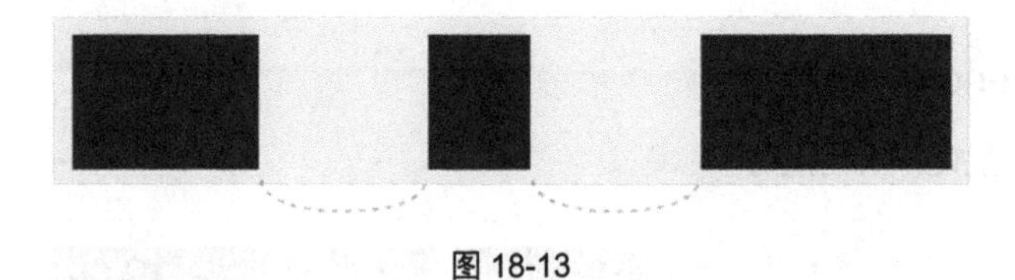

图 18-13

示例如下。

代码

```
.parent {
  justify-content: space-between;
  /* ... */
}
```

效果

A　B　C　D

E

在线演示 18-12

5. space-around——每个元素自带前后间隙

其示意如图 18-14 所示。

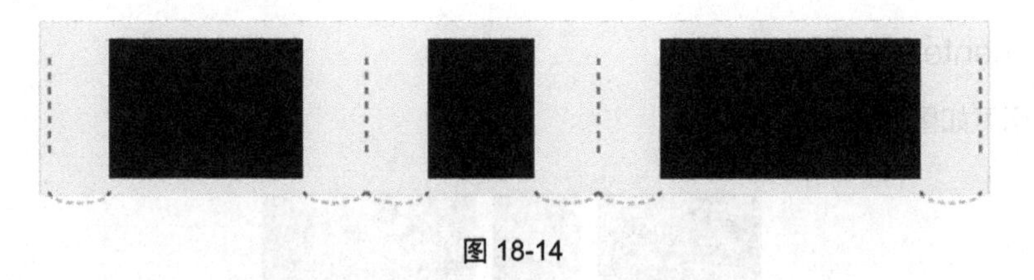

图 18-14

示例如下。

代码

```
.parent {
  justify-content: space-around;
  /* ... */
}
```

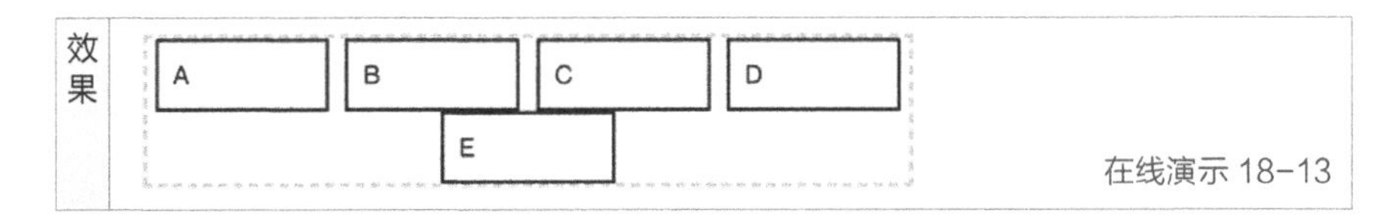

6. space-evenly——间隙平均

其示意如图 18-15 所示。

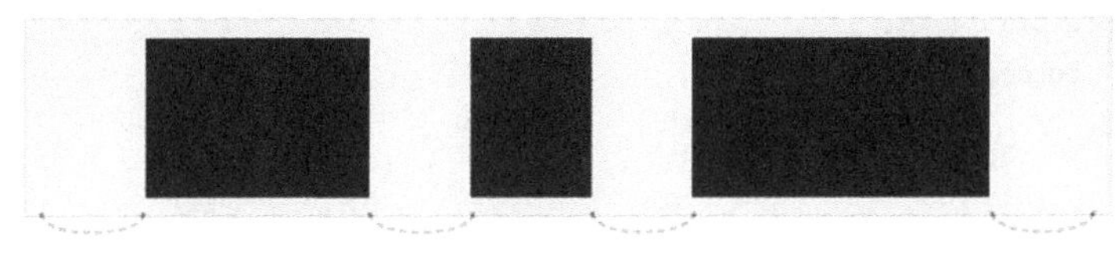

图 18-15

示例如下。

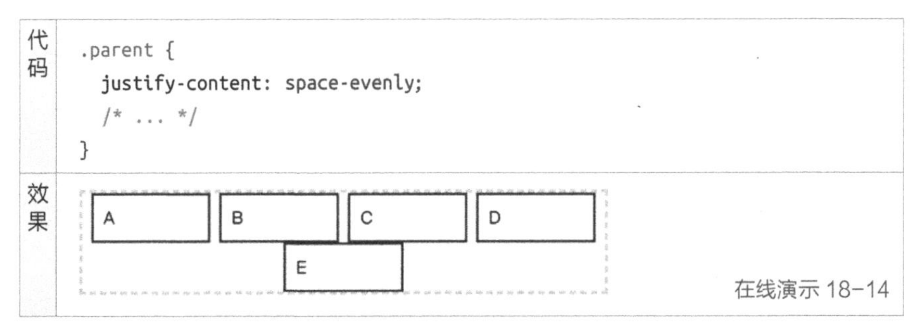
代码

```
.parent {
  justify-content: space-evenly;
  /* ... */
}
```


18.3.5 align-items——交叉轴方向排列方式

它用于指定在交叉轴上的排列方式。

1. flex-start——头对齐

其示意如图 18-16 所示。

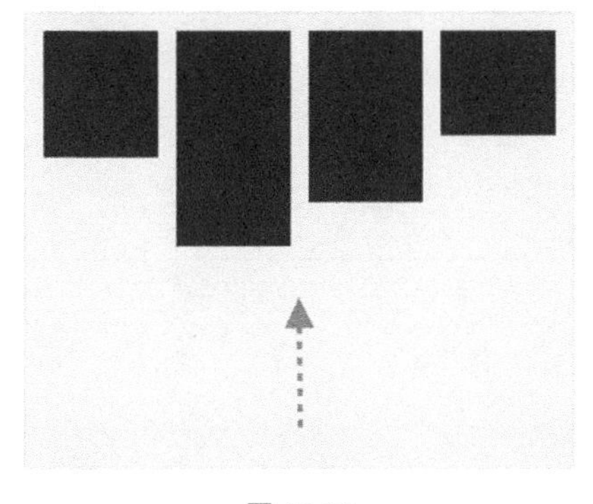

图 18-16

示例如下。

代码

```
<style>
  * { box-sizing: border-box; }

  .parent {
    display: flex;
    align-items: flex-start; /* 向头部对齐 */
    width: 400px;
    border: 3px dashed #ccc;
  }

  .child {
    width: 100px;
    padding: 10px;
    border: solid #000;
  }
</style>

<div class="parent">
  <div class="child">A
    <p>a1</p>
    <p>a2</p>
    <p>a3</p>
    <p>a4</p>
  </div>
  <div class="child">B
    <p>c1</p>
  </div>
  <div class="child">C
    <p>c1</p>
    <p>c2</p>
  </div>
  <div class="child">D
    <p>d1</p>
    <p>d2</p>
    <p>d3</p>
  </div>
</div>
```

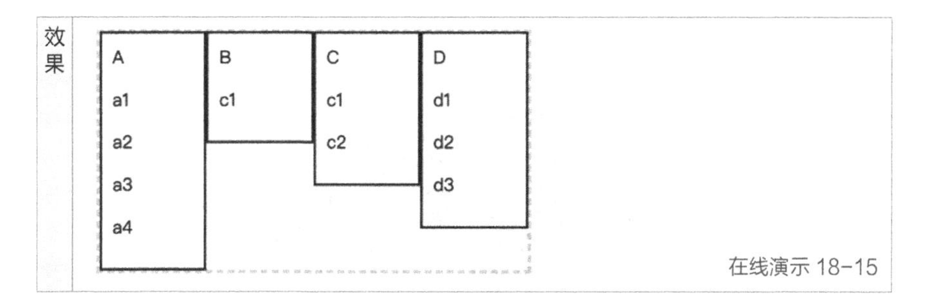

2. flex-end——尾对齐

其示意如图 18-17 所示。

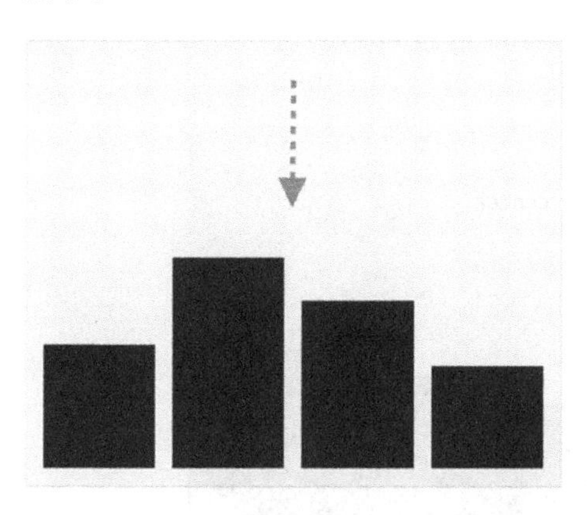

图 18-17

示例如下。

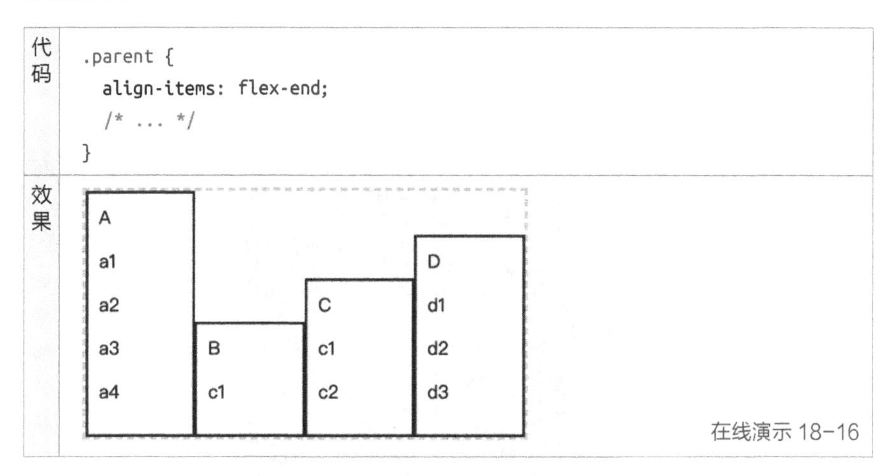

```
.parent {
  align-items: flex-end;
  /* ... */
}
```


3. center——居中

其示意如图 18-18 所示。

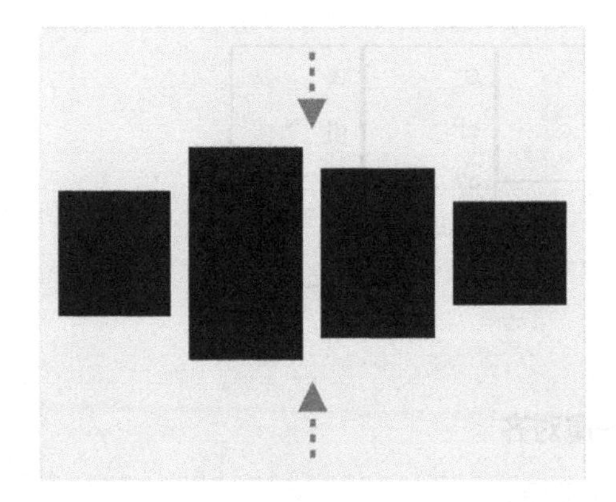

图 18-18

示例如下。

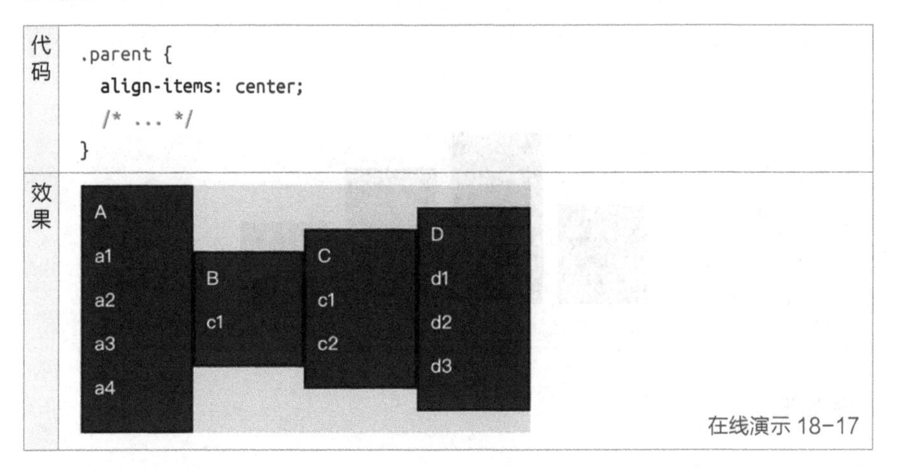

代码

```
.parent {
  align-items: center;
  /* ... */
}
```

效果

在线演示 18-17

4. stretch——拉伸

其示意如图 18-19 所示。

图 18-19

示例如下。

代码

```
.parent {
  align-items: stretch;
  /* ... */
}
```

效果

A	B	C	D
a1	c1	c1	d1
a2		c2	d2
a3			d3
a4			

在线演示 18-18

5. baseline——基线对齐

其示意如图 18-20 所示。

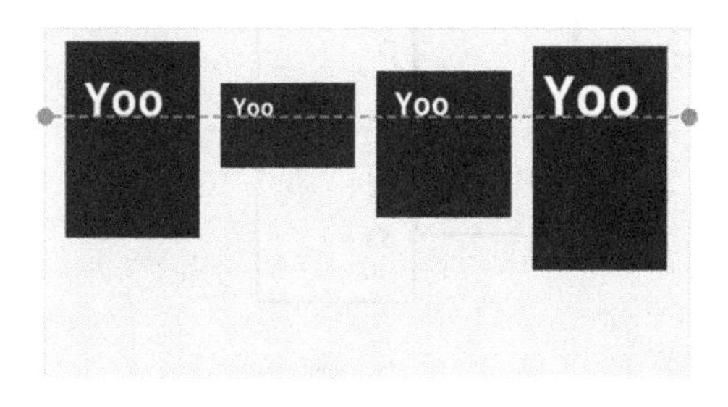

图 18-20

示例如下。

代码

```
<style>
  .parent {
    align-items: baseline;
    /* ... */
  }
</style>

<div class="parent">
  <div class="child">A
    <p>a1</p>
    <p>a2</p>
    <p>a3</p>
    <p>a4</p>
  </div>
```

```
    <div class="child">
      <!-- 此处我们故意让字体变大 -->
      <span style="font-size: 300%">B</span>
      <p>b1</p>
    </div>
    <div class="child">
      <!-- 此处我们故意让字体变小 -->
      <span style="font-size: 50%">C</span>
      <p>c1</p>
      <p>c2</p>
    </div>
    <div class="child">D
      <p>d1</p>
      <p>d2</p>
      <p>d3</p>
    </div>
  </div>
```

效果

在线演示 18-19

18.3.6 align-content——行列排列方式

之前的排列方式都是作用在弹性子项上的，但一些时候，当容器中的子项流动为多行时，我们也想调整行与行之间的关系，如图 18-21 所示。

图 18-21

像这样的多个元素流动成为多行，如果我们想让行与行之间有一定的间隙，或让所有行向下对齐，或让每一行平均分布，都可以用 `align-content` 实现。

1. flex-start——头对齐

其示意如图 18-22 所示。

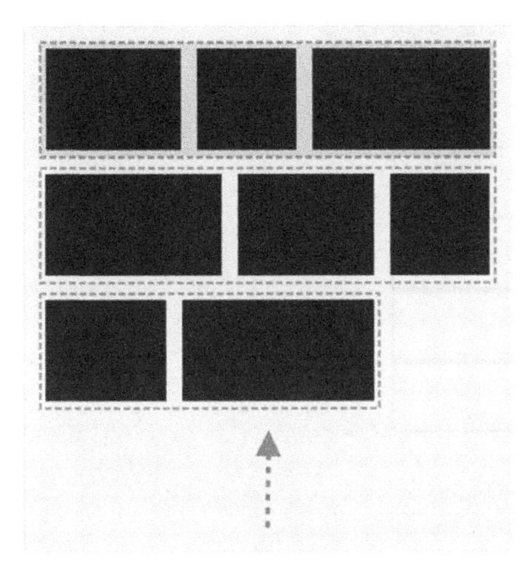

图 18-22

示例如下。

代码

```
<style>
  * { box-sizing: border-box; }

  .parent {
    display: flex;
    flex-wrap: wrap;
    align-content: flex-start; /* 头对齐 */
    width: 200px;
    border: 3px dashed #ccc;
    height: 240px;
  }

  .child {
    width: 50%;
    padding: 10px;
    border: 2px solid #000;
  }
</style>

<div class="parent">
```

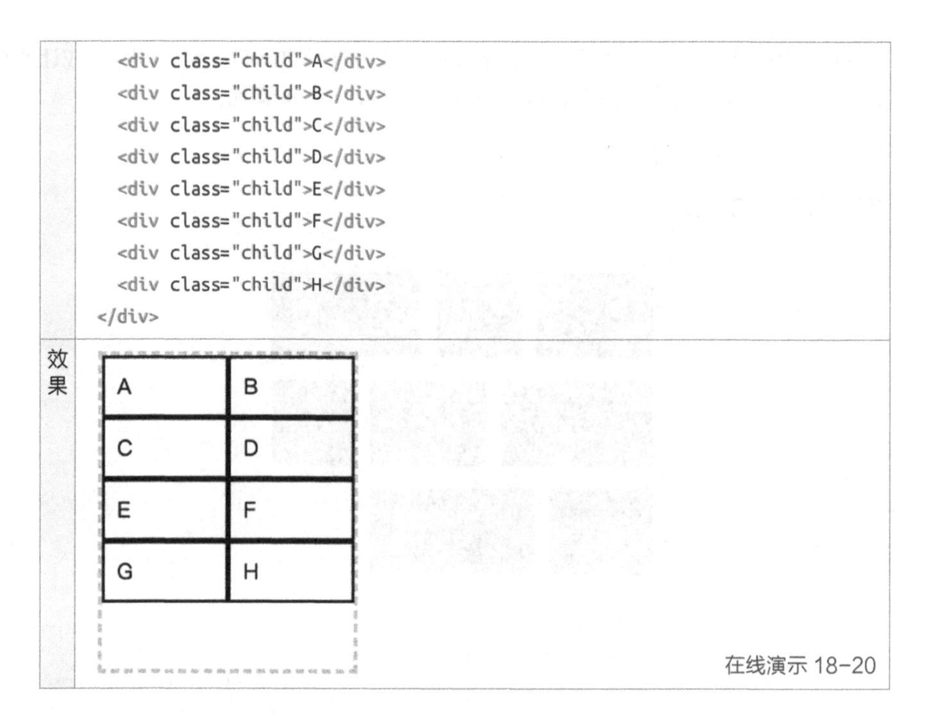

```
    <div class="child">A</div>
    <div class="child">B</div>
    <div class="child">C</div>
    <div class="child">D</div>
    <div class="child">E</div>
    <div class="child">F</div>
    <div class="child">G</div>
    <div class="child">H</div>
</div>
```

效果

在线演示 18-20

2. flex-end——尾对齐

其示意如图 18-23 所示。

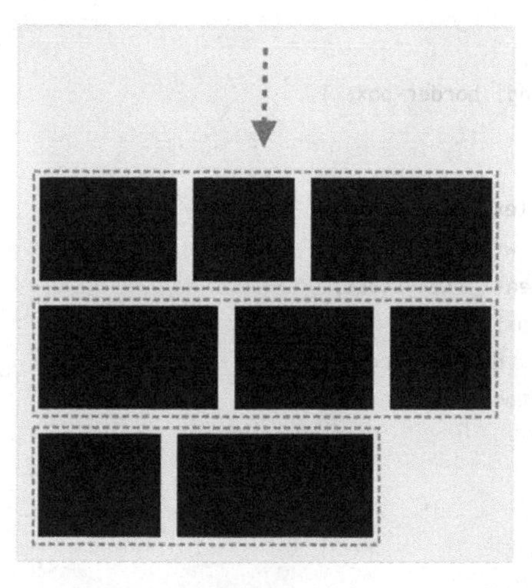

图 18-23

示例如下。

代码

```
.parent {
  align-content: flex-end;
  /* ... */
}
```

效果

A	B
C	D
E	F
G	H

在线演示 18-21

3. center——居中

其示意如图 18-24 所示。

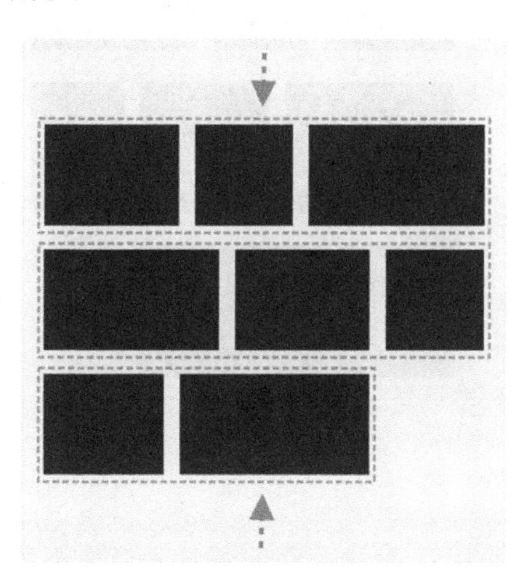

图 18-24

示例如下。

代码

```
.parent {
  align-content: center;
  /* ... */
}
```

效果	A B C D E F G H 在线演示 18-22

4. stretch——拉伸

其示意如图 18-25 所示。

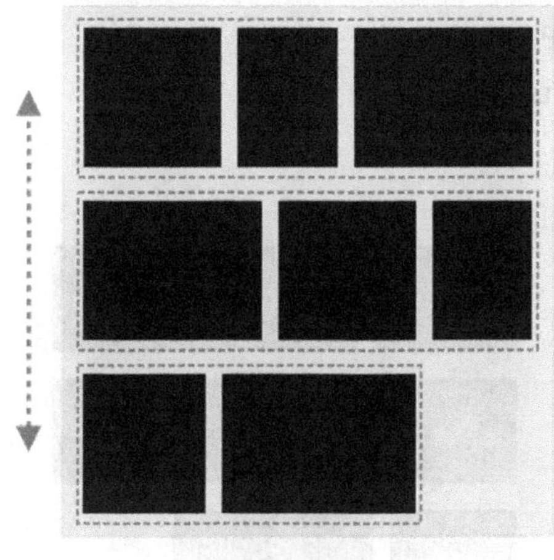

图 18-25

示例如下。

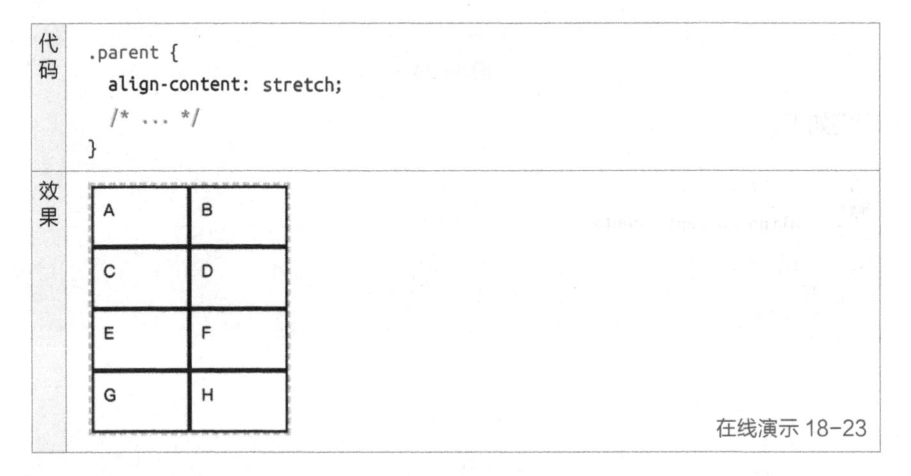

代码

```
.parent {
  align-content: stretch;
  /* ... */
}
```

效果

在线演示 18-23

5. space-between——两端对齐，间隙平均

其示意如图 18-26 所示。

图 18-26

示例如下。

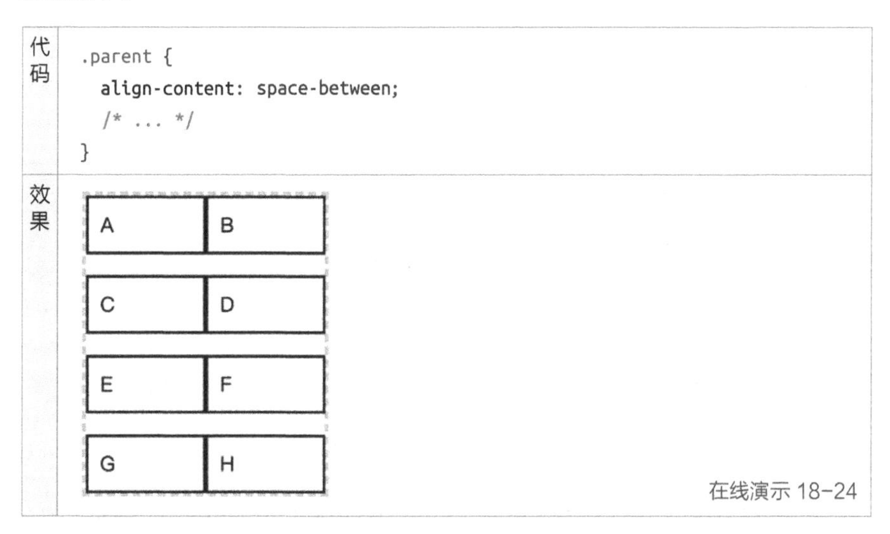

代码

```
.parent {
  align-content: space-between;
  /* ... */
}
```

效果

在线演示 18-24

6. space-around——两端对齐，间隙平均

其示意如图 18-27 所示。

图 18-27

示例如下。

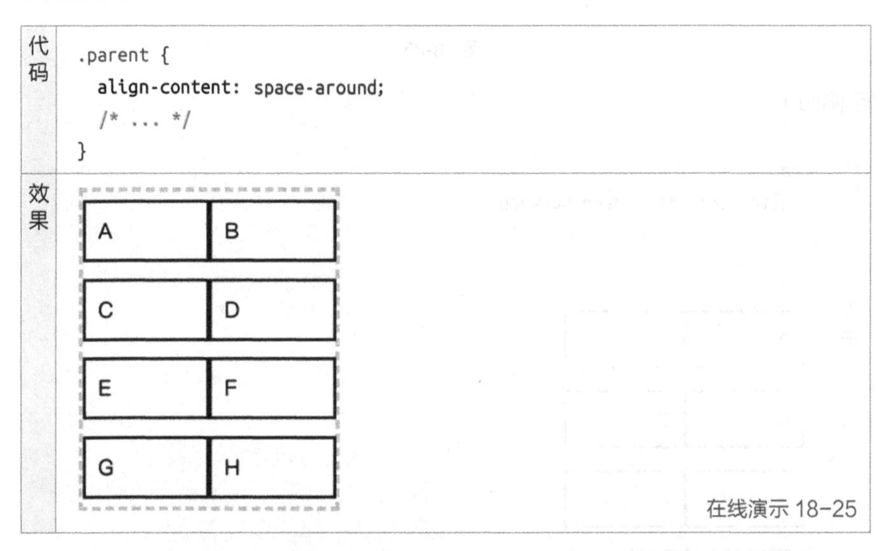

代码

```
.parent {
  align-content: space-around;
  /* ... */
}
```

效果

在线演示 18-25

18.3.7 align-self——交叉轴例外排列

用于指定在交叉轴上的例外排列方式。注意，这个属性是作用在弹性子项上的，如图 18-28 所示。

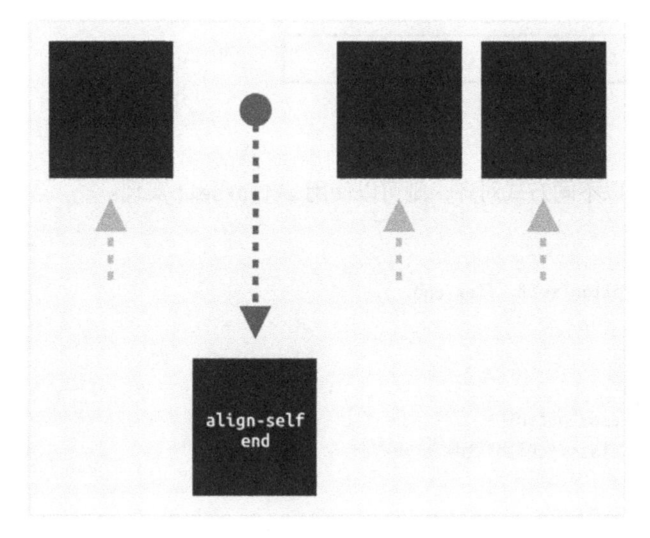

图 18-28

例如，一个容器中有 4 个子项，交叉轴对其方式为头对齐：

代码

```
<style>
  * { box-sizing: border-box; }

  .parent {
    display: flex;
    align-items: flex-start; /* 所有子项都向头部对齐 */
    width: 400px;
    height: 100px;
    border: 3px dashed #ccc;
  }

  .child {
    width: 100px;
    padding: 10px;
    border: solid #000;
  }
</style>

<div class="parent">
  <div class="child">A</div>
  <div class="child">B</div>
  <div class="child">C</div>
  <div class="child">D</div>
</div>
```

效果

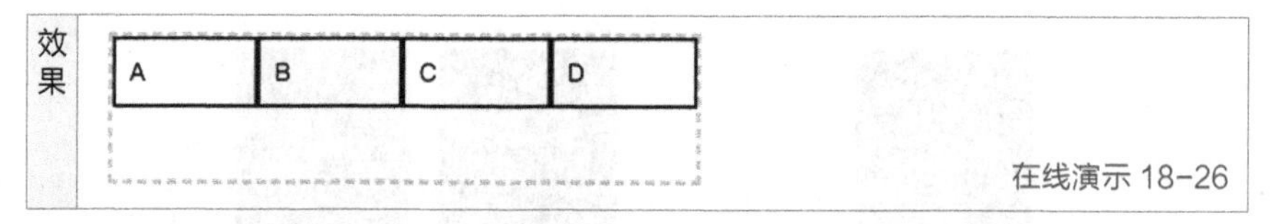

在线演示 18-26

如果想要 B 以不同方式对齐，则可以使用 `align-self` 实现：

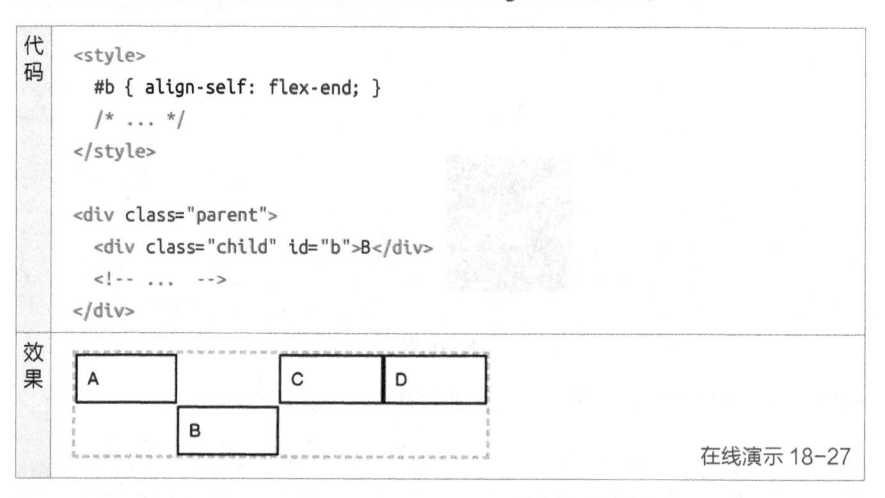

代码

```
<style>
  #b { align-self: flex-end; }
  /* ... */
</style>

<div class="parent">
  <div class="child" id="b">B</div>
  <!-- ... -->
</div>
```

效果

在线演示 18-27

此时，B 就变成了例外情况。

也可以指定多个例外子项：

代码

```
<style>
  #b, #c { align-self: flex-end; }
  /* ...  */
</style>

<div class="parent">
  <div class="child" id="b">B</div>
  <div class="child" id="c">C</div>
  <!-- ... -->
</div>
```

效果

A　D
B　C

在线演示 18-28

也可以是不同的排列方式：

代码

```
<style>
  #b { align-self: flex-end; }
  #c { align-self: center; }
```

```
  /* ...  */
</style>

<div class="parent">
  <div class="child" id="b">B</div>
  <div class="child" id="c">C</div>
  <!-- ... -->
</div>
```

效果

A B C D

在线演示 18-29

18.3.8　flex-grow——填充容器的剩余空间

它用于指定当弹性子项的宽度和小于容器宽度时，应该如何拉伸每一项以填充容器宽度，如图 18-29 所示。

图 18-29

在下方的示例中，容器宽度大于子项宽度的和。

代码

```
<style>
  .parent {
    display: flex;
    width: 200px;
    border: 3px dashed #ccc;
  }

  .child {
    padding: 10px;
    border: 2px solid #000;
  }
</style>

<div class="parent">
  <div id="a" class="child">A</div>
  <div id="b" class="child">B</div>
  <div id="c" class="child">C</div>
</div>
```

在线演示 18-30

如果想让每个子项均匀拉伸以填满容器剩余空间，则可以为每个子项设置 `flex-grow`，即为每一项设置填充容器剩余的空间，见下方示例。

代码

```
.child {
  flex-grow: 1; /* 每个子项都是 1 */
  /* ... */
}
```

效果

A B C

在线演示 18-31

此时每个子项平分了容器宽度。

提示：`flex-grow` 的具体数值在这里设为多少都可以，浏览器看的是各子项的比例，上例中 3 个子项间的比例为 1：1：1，如图 18-30 所示。

图 18-30

哪怕是将 `flex-grow` 改为其他值，只要比例相同，结果也没有区别，见下方示例。

代码

```
.child {
  flex-grow: 10; /* 每个子项都是 10 */
  /* ... */
}
```

效果

A B C

在线演示 18-32

结果没有变，因为子项间的比例依然是 1：1：1，我们可以改变它们的比例，也可以让每一项的拉伸比例不同，见下方示例。

代码

```
/* 只改变 A 的拉伸比例 */
#a { flex-grow: 30; }
/* ... */
```

效果

在线演示 18-33

此时子项间的比例变成了 3 : 1 : 1，同理，无论我们将 `flex-grow` 改成什么值，只要它们的比例相等则结果就没有区别，见下方示例。

代码

```css
.child { flex-grow: 1; /* ... */}

#a { flex-grow: 3; }
/* ... */
```

效果

A B C

在线演示 18-34

提示：`flex-grow` 只作用在容器有多余空间的情况下，如果空间刚刚好或空间不足，则浏览器默认会平均分配容器中的每一项，从而忽略 `flex-grow` 属性，见下方示例。

代码

```css
.child {
  /* 3 个子项的宽度和大于容器宽度 */
  width: 100px;
  flex-grow: 1;
  /* ... */
}

#a { flex-grow: 3; }
/* ... */
```

效果

A B C

在线演示 18-35

18.3.9 flex-shrink——在空间不足时做出让步

当容器宽度不足时，我们如何调整内部的子项宽度，以保证它们都能放得下，防止元素溢出容器呢？如图 18-31 所示。

图 18-31

flex-shrink 就是用来解决这个问题的。我们可以明确告诉浏览器每个子项分别让步多少，如图 18-32 所示。

图 18-32

以下方代码为例。

代码

```
<style>
  .parent {
    display: flex;
    width: 200px;
    border: 3px dashed #ccc;
  }

  .child {
    /* 3 个子项的宽度和大于容器宽度 */
    width: 100px;
    padding: 10px;
    border: 2px solid #000;
  }
</style>

<div class="parent">
  <div id="a" class="child">A</div>
  <div id="b" class="child">B</div>
  <div id="c" class="child">C</div>
</div>
```

效果

A B C

在线演示 18-36

默认情况下，弹性子项的 flex-shrink 的值都为 1。所以，虽说宽度不够，但每项对宽度的让步依然是一样的。

flex-shrink 的值越大，则其让步就越大。比如，当宽度不够时，我们希望 C 让步更多些，则可以增大其 flex-shrink 的值，见下方示例。

代码

```
/* C 比其他项让步更多 */
#c { flex-shrink: 2; }
/* ... */
```

效果

在线演示 18-37

可以看出，此时 C 的宽度明显小于 A 和 B，flex-shrink 的值也是比例相关的。如果 A、B、C 三项的值相同，那么就相当于 3 项的值都为 1，即 1：1：1。

提示：与 flex-grow 相似，flex-shrink 也有作用条件：只有当“子项宽度和”小于容器宽度时，flex-shrink 才会起作用，否则便没有意义（因为不需要“shrink”）。

18.3.10　flex-basis——弹性子项的基础尺寸

它用于定义“分配多余空间”之前的元素尺寸。

默认情况下，flex-basis 为 auto，即元素的 width 或 height。如果宽和高也为 auto，则内容的多少将决定 flex-basis 的宽度，见下方示例。

代码

```
<style>
  .parent {
    display: flex;
    width: 200px;
    border: 3px dashed #ccc;
  }

  .child {
    border: 2px solid #000;
  }
</style>

<div class="parent">
  <div id="a" class="child">A</div>
  <div id="b" class="child">B</div>
  <div id="c" class="child">C</div>
</div>
```

效果

ABC

在线演示 18-38

如果给 A 填充更多内容，则其占据的空间也会更大：

代码

```
<div class="parent">
  <div id="a" class="child">AAA</div>
  <!-- ...  -->
</div>
```

效果	AAA B C　　在线演示 18-39

也可以用 flex-basis 为它们指定相同的宽度：

代码

```
.child {
  /* 指定每一项的基本宽度 */
  flex-basis: 35px;
}
```

效果：AAA B C　　在线演示 18-40

注意，此处的 flex-basis 更像是 min-width，因为 flex-basis 会优先检查内容宽度。如果内容宽度大于指定值，则 flex-basis 是不会强行缩小内容宽度的。

代码

```
.child {
  /* 哪怕被设为 0，flex-basis 也会尊重内容宽度 */
  flex-basis: 0;
  /* ... */
}
```

效果：AAA B C　　在线演示 18-41

flex-basis 与 min-width 不同的地方在于，前者更"智能"。

如果我们将前例中的 flex-basis 替换为一个较大的 min-width，来看看会发生什么。

代码

```
.child {
  /* 替换为 min-width */
  min-width: 80px;
  /* flex-basis: 0; */
  /* ... */
}
```

效果：AAA B C　　在线演示 18-42

很明显，内容溢出了。

再换成 flex-basis 看看：

代码

```
.child {
  flex-basis: 80px;
  /* ... */
}
```

可以看出，flex-basis 不但尊重子项的内容宽度，还尊重的容器宽度，在极端的尺寸下会自动调整子项尺寸，以求最合理的显示结果。

除单独使用 flex-basis 外，也可以同时使用 flex-basis 和 flex-grow 来得到“稳定”的宽度分配。如果不指定 flex-basis，则可以直接用 flex-grow，通常不会有什么问题，见下方示例。

代码

```
<style>
  .parent {
    display: flex;
    width: 200px;
    border: 3px dashed #ccc;
  }

  .child {
    flex-grow: 1;
    border: 2px solid #000;
  }
</style>

<div class="parent">
  <div id="a" class="child">A</div>
  <div id="b" class="child">B</div>
  <div id="c" class="child">C</div>
</div>
```

效果

A B C

在线演示 18-44

目前 3 项在视觉上都是平均分配的，但如果我们更改某一项的内容长度，则可以看到本该平均分配的子项就出问题了，见下方示例。

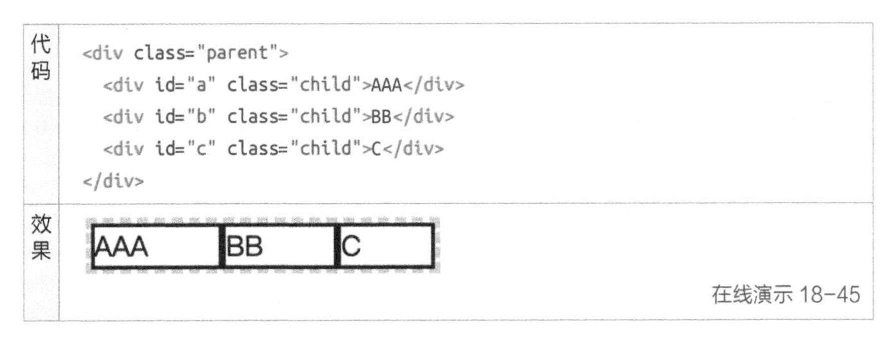
代码

```
<div class="parent">
  <div id="a" class="child">AAA</div>
  <div id="b" class="child">BB</div>
  <div id="c" class="child">C</div>
</div>
```

什么原因呢？其实每一项的 `flex-grow` 都一样，区别在于 `flex-basis`。由于 `flex-basis` 默认为 `auto`，这意味着文字长度将直接决定每一项的尺寸，如图 18-33 所示。

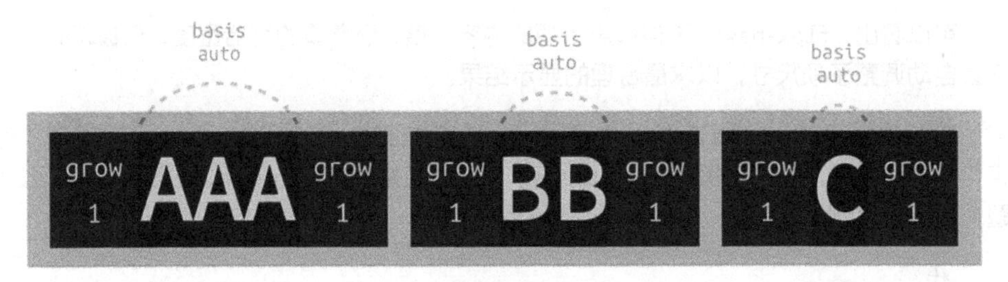

图 18-33

没有文字也可以直接使用 `flex-basis`，可以将其理解为设置子项的最小宽度，见下方示例。

代码

```
<style>
  .parent {
    display: flex;
    width: 200px;
    border: 3px dashed #ccc;
  }

  .child {
    /* 直接设置 flex-basis */
    flex-basis: 30px;
    height: 20px;
    border: 2px solid #000;
  }
</style>

<div class="parent">
  <div id="a" class="child"></div>
  <div id="b" class="child"></div>
  <div id="c" class="child"></div>
</div>
```

效果

在线演示 18-46

此时为它们添加 `flex-grow`：

代码

```
.child {
  flex-grow: 1;
  /* ... */
```

```
}
```

效果

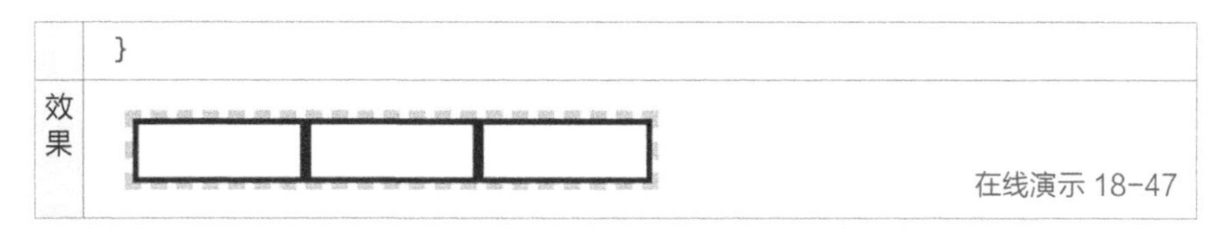

在线演示 18-47

此时，`flex-grow` 会在 `flex-basis: 30px` 的基础上拉伸，如图 18-34 所示。

图 18-34

这种做法在需要等宽子项的情况下最常见，例如商品搜索结果、图片展示、卡片列表等。既然我们不想让内容的大小影响最终的宽度，为什么不直接把 `flex-basis` 设为 0 呢？如图 18-35 所示。

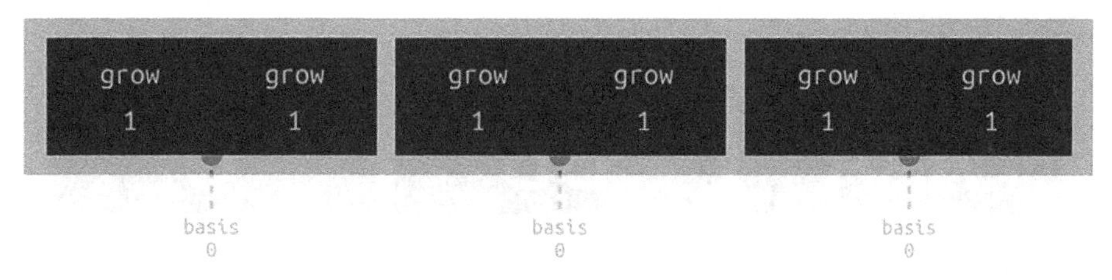

图 18-35

代码

```
.child {
  flex-basis: 0;
  /* ... */
}
```

效果

在线演示 18-48

这意味着，无论子项中有多少内容都不会直接影响最终的宽度，见下方示例。

代码

```
<style>
  .parent {
    display: flex;
    width: 200px;
    border: 3px dashed #ccc;
  }

  .child {
    /* 子项平均分配 */
```

```
    flex-grow: 1;
    /* 子项主轴尺寸 */
    flex-basis: 0;
    border: 2px solid #000;
  }
</style>

<div class="parent">
  <div id="a" class="child">AAA</div>
  <div id="b" class="child">BB</div>
  <div id="c" class="child">C</div>
</div>
```

效果

AAA BB C

在线演示 18-49

对于这种既有文字内容又有 `flex-basis` 的情况，你可以理解为文字覆盖在 `flex-basis` 上，如图 18-36 所示。

图 18-36

如果想让子项多行摆放，且每行都有固定数量，则可以为 `flex-basis` 设置百分比。例如两行四列布局：

代码

```
<style>
  * {
    /* 辅助样式，保证宽度从边框算起 */
    box-sizing: border-box;
  }

  .parent {
    display: flex;
    flex-wrap: wrap; /* 让子项断行流动 */
    width: 200px;
    border: 3px dashed #ccc;
  }

  .child {
    flex-grow: 1; /* 每项的宽度增长一样 */
```

```
    flex-basis: 25%; /* 每项宽度为 1/5 */
    border: 2px solid #000;
  }
</style>

<div class="parent">
  <div class="child">A</div>
  <div class="child">B</div>
  <div class="child">C</div>
  <div class="child">D</div>
  <div class="child">E</div>
  <div class="child">F</div>
  <div class="child">G</div>
  <div class="child">H</div>
</div>
```

效果

A	B	C	D
E	F	G	H

在线演示 18-50

18.4　本章小结

在 CSS 3 之前，我们的前辈们常使用浮动或表格等迂回的方式进行布局。由于是迂回的方式，所以在布局中会有各种各样的缺陷，然后用更迂回的方式去弥补各种缺陷。一套简单的布局，其过程往往变得冗长且低效，甚至为未来的维护和扩展埋下隐患。

由于各种神奇的原因，CSS 在早期竟然忽视了“布局”相关的工具栈，而布局恰恰是网页设计中最基础也是最重要的工作。弹性布局特性的加入是 CSS 第一次将布局严肃对待的表现，普天同庆。有了弹性布局，对于绝大部分布局，我们完全可以写得更少，做得更多，且代码更好维护。

除弹性布局外，CSS 3 还引入了网格布局。网格布局的功能甚至比弹性布局更强大，而代价是语法更复杂。在后面的章节中我们将详细探讨网格布局。

第 19 章 网格布局

布局从来都是网页设计的重中之重，但由于历史原因，CSS 在一开始并没有制定布局专用的属性，直到 CSS 3 才出现了形形色色的专为布局服务的概念及属性，其中最强大的就是网格布局（Grid Layout）。

19.1 一切无外乎行和列

网页的布局最终呈现的效果可以是千变万化的，如图 19-1 所示。

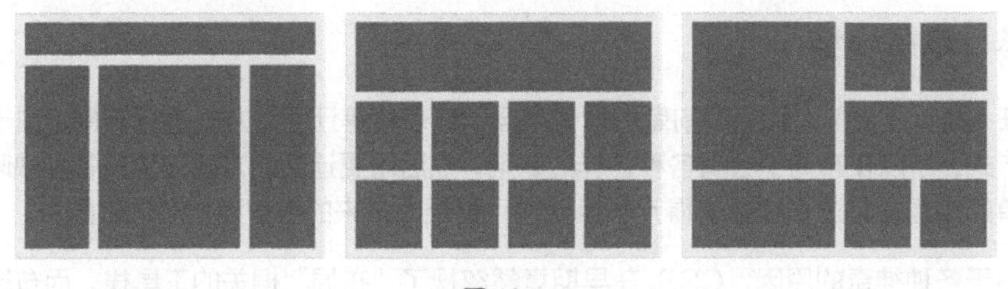

图 19-1

但效果背后所使用的概念是很朴素的，我们可以用“行”和“列”来理解这一切，如图 19-2 所示。

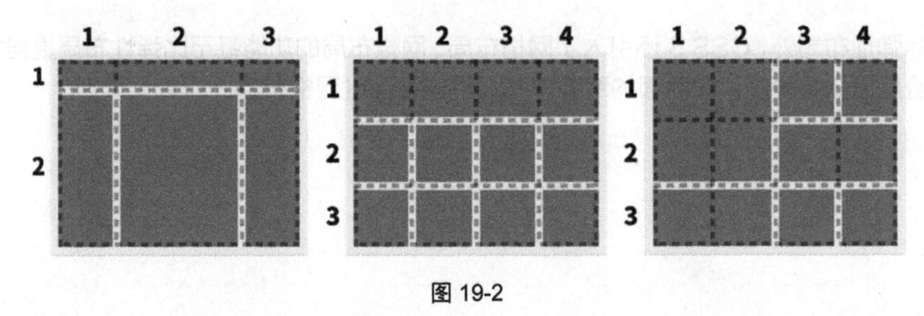

图 19-2

通过行列的大块区域分割，可以排除一切其他细节性干扰因素，首先可以解决布局中最重要的问题——区域划分。

网格布局正是以这种思想为基础，从而衍生出了一套强大的工具栈。

19.2　容器和子项

同弹性布局一样，网格布局也是由容器和子项构成的。通过为元素指定 display: grid 或 display: inline-grid 可以创建一个网格容器，见下方示例。

代码

```
<style>
  /* 让 .parent 变为网格容器 */
  .parent { display: grid; }
</style>

<div class="parent">
  <div class="child">A</div>
  <div class="child">B</div>
  <div class="child">C</div>
  <div class="child">D</div>
</div>
```

效果

A
B
C
D

在线演示 19-1

其中的所有儿子辈（一级子元素）都会变成网格子项，儿子辈以下的则不受影响。

19.3　行与列

我们说过，一切布局都可以被归纳为行和列。网格中的行和列可以在容器中批量定义。

1. 定义行

在不定义行的情况下，所有的行都会平均分配容器高度，且每一行默认占整宽，见下方示例。

代码

```
<style>
  .parent {
    display: grid; /* 将容器设为网格容器 */
    height: 200px; /* 指定容器高度 */
    border: dashed #ccc;
  }

  .child { border: solid #000; }
</style>

<div class="parent">
  <div class="child">A</div>
  <div class="child">B</div>
  <div class="child">C</div>
```

```
  <div class="child">D</div>
</div>
```

效果

A
B
C
D

在线演示 19-2

如想更改子项的行占比，则可以在容器中指定 `grid-template-rows`，见下方示例。

代码

```
.parent {
  /* 分别指定行宽，让每一行宽度占比不同 */
  grid-template-rows: 10% 20% 30% 40%;
} /* ... */
```

效果

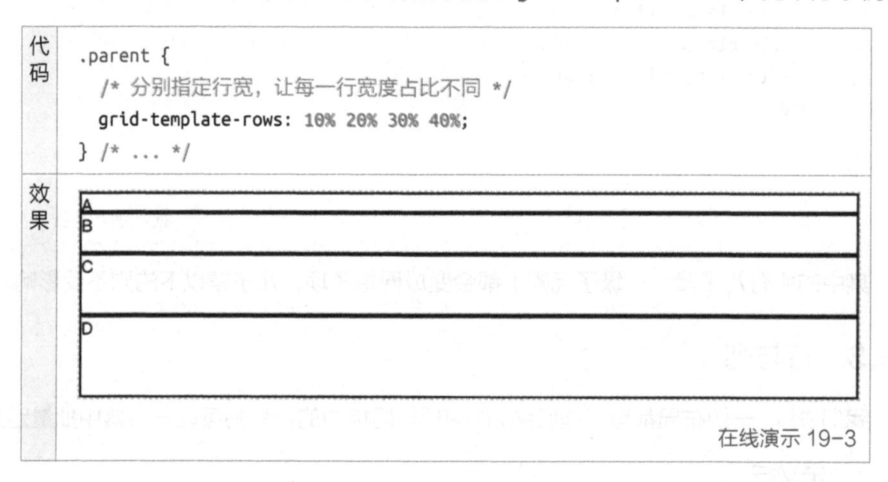

在线演示 19-3

用 `grid-template-rows` 属性可以很方便地定义行。`grid-template-rows` 接受所有长度值类型，并不是只接受百分比。例如，想让每行等于一个定值也可以使用 `px`，见下方示例。

代码

```
.parent {
  /* 每行的高度均为 30px */
  grid-template-rows: 30px 30px 30px 30px;
} /* ... */
```

效果

A
B
C
D

在线演示 19-4

对于这种多次重复的值，也可以用 repeat 来批量概括，见下方示例。

```css
.parent {
  /* 将 "30px" 重复 4 次 */
  grid-template-rows: repeat(4, 30px);
} /* ... */
```

repeat 是 CSS 中的内置函数，语法为 repeat(重复几次，重复的值)。

2. 定义列

与行相对应，定义列可以用 grid-template-columns，而且由于是在水平方向上做分割，这个属性往往更常用。以下是定义两行两列布局的示例。

代码

```html
<style>
  .parent {
    display: grid;
    height: 200px;
    /* 把水平方向分割成两列，每列各占一半 */
    grid-template-columns: 50% 50%;
    border: dashed #ccc;
  }

  .child { border: solid #000; }
</style>

<div class="parent">
  <div class="child">A</div>
  <div class="child">B</div>
  <div class="child">C</div>
  <div class="child">D</div>
</div>
```

效果

A	B
C	D

在线演示 19-5

除使用百分比外，也可以用 fr 来指定每一列所占的份数，此处只需要指定 1fr 1fr 即可，见下方示例。

```css
.parent {
  /* 和 50% 50% 一个效果 */
```

```
  grid-template-columns: 1fr 1fr;
} /* ... */
```

有时，子项宽度是固定的，但容器宽度却是不固定的，我们希望子项在容器流动，一行放不下就另起一行，这种情况可以使用 auto-fill，见下方示例。

代码	<pre>.parent {
	  /* 容器定宽 */
	  width: 200px;
	  /* 每列宽度 60px，自由流动 */
	  grid-template-columns: repeat(auto-fill, 60px);
	} /* ... */</pre>

效果	A B C D 在线演示 19-6

19.4 网格线

当我们定义行列时，行列间的边界就是网格线，如图 19-3 所示。

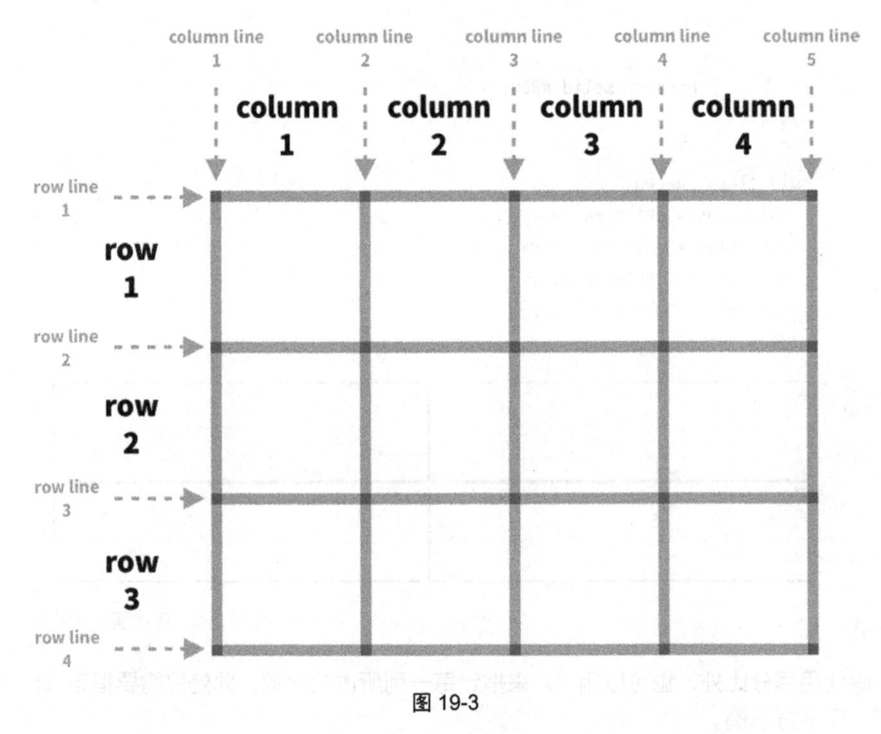

图 19-3

这些网格线是自动生成的（概念上的、不可见的），无须手动创建。

我们可以在定义行列时为其命名，方便后面的引用。

首先，以图 19-3 为例，我们创建一个 3 行 4 列的网格布局：

代码

```
<style>
  .parent {
    display: grid;
    /* 4 列，每列占一份，即平均分配 4 列 */
    grid-template-columns: repeat(4, 1fr);
    border: dashed #ccc;
  }

  .child { border: solid #000; }
</style>

<div class="parent">
  <div class="child">A1</div>
  <div class="child">B1</div>
  <div class="child">C1</div>
  <div class="child">D1</div>
  <div class="child">A2</div>
  <div class="child">B2</div>
  <div class="child">C2</div>
  <div class="child">D2</div>
  <div class="child">A3</div>
  <div class="child">B3</div>
  <div class="child">C3</div>
  <div class="child">D3</div>
</div>
```

效果

A1	B1	C1	D1
A2	B2	C2	D2
A3	B3	C3	D3

在线演示 19-7

在定义行列时，我们可以为每一根网格线指定名称，以便之后的使用：

```
.parent {
  grid-template-columns: [col-1] 1fr [col-2] 1fr [col-3] 1fr [col-4] 1fr [col-5];
} /* ... */
```

方括号中的内容就是各个网格线名称，如图 19-4 所示。

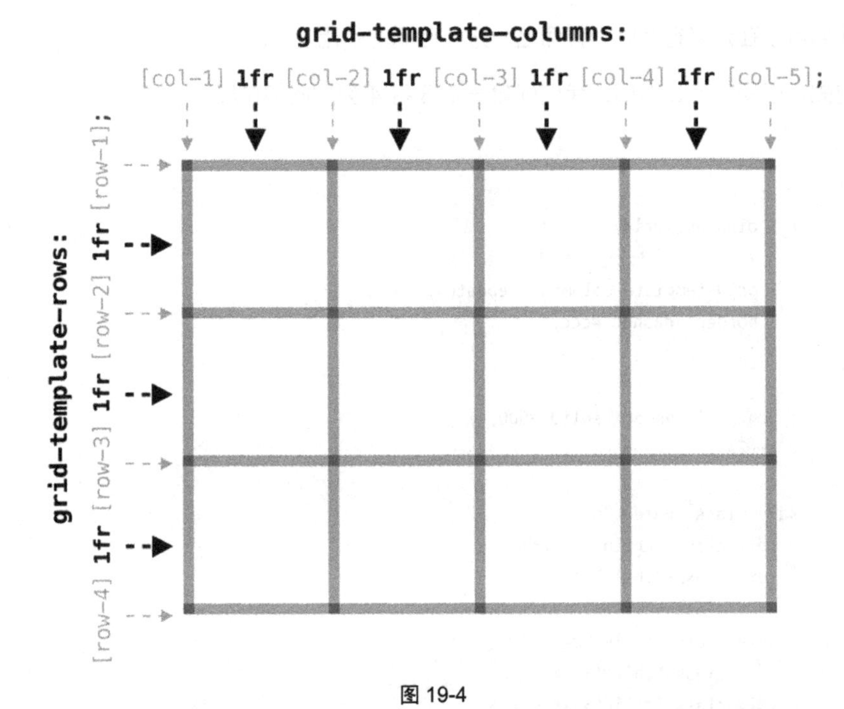

图 19-4

网格线可以作为单元格布局的重要参考点，稍后我们会结合其他属性使用它。

19.5 定义方式网格模板

对于既有绝对长度也有相对长度的行或列，我们可以同时使用绝对单位和相对单位，见下方示例。

代码

```
<style>
  .parent {
    display: grid;
    /* 第 1 列为绝对长度，第 2 列为相对长度 */
    grid-template-columns: 60px 50%;
    border: dashed #ccc;
  }

  .child { border: solid #000; }
</style>

<div class="parent">
  <div class="child">A</div>
  <div class="child">B</div>
  <div class="child">C</div>
  <div class="child">D</div>
```

	```</div>```
效果	A B / C D　在线演示 19-8

如果想要第 2 列占满所有剩余空间，则使用单位 fr，见下方示例。

代码

```
.parent {
  /* 第 1 列为绝对长度，第 2 列占满剩余空间 */
  grid-template-columns: 60px 1fr;
} /* ... */
```

效果

A	B
C	D

在线演示 19-9

也可以做到一列绝对，两列相对，见下方示例。

代码

```
<style>
  .parent {
    display: grid;
    /* 第 1 列为绝对长度,
       第 2 列占剩余空间的 1/4,
       第 3 列占剩余空间的 3/4, */
    grid-template-columns: 60px 1fr 3fr;
    border: dashed #ccc;
  }

  .child { border: solid #000; }
</style>

<div class="parent">
  <div class="child">A</div>
  <div class="child">B</div>
  <div class="child">C</div>
  <div class="child">D</div>
  <div class="child">E</div>
  <div class="child">F</div>
</div>
```

效果

A	B	C
D	E	F

在线演示 19-10

1. min-content 和 max-content

在需要基于内容指定尺寸时，可以使用 min-content 和 max-content 关键词。比如列宽可以内容最多的单元格为准，见下方示例。

代码

```
<style>
  .parent {
    display: grid;
    /* 列宽以内容最多的单元格为准 */
    grid-template-columns: max-content max-content;
    border: dashed #ccc;
  }

  .child { border: solid #000; }
</style>

<div class="parent">
  <div class="child">A short</div>
  <div class="child">B looooooooooooooong</div>
  <div class="child">C short short</div>
  <div class="child">D looooooooooooooong looooooooooooooong</div>
</div>
```

效果

A short	B looooooooooooooong
C short short	D looooooooooooooong looooooooooooooong

在线演示 19-11

或者列宽以内容最少的单元格为准，见下方示例。

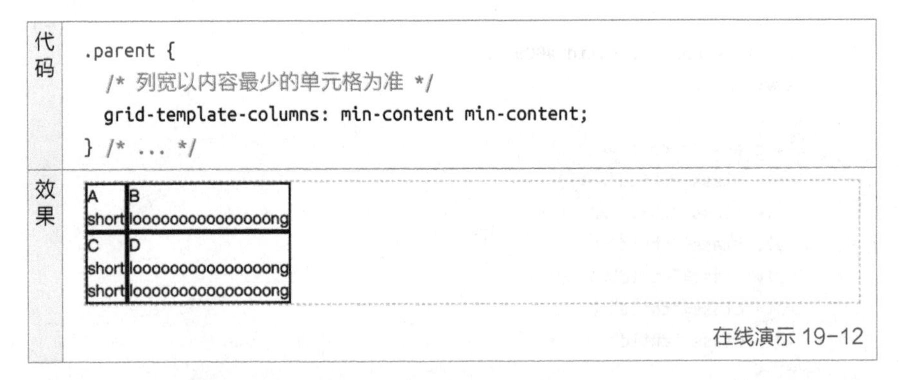

代码

```
.parent {
  /* 列宽以内容最少的单元格为准 */
  grid-template-columns: min-content min-content;
} /* ... */
```

效果

在线演示 19-12

2. minmax()函数——限定尺寸范围

基于内容指定尺寸确实很灵活，但一些特殊情况下会有问题，例如当内容过多或过少时，见下方示例。

代码

```
<style>
  .parent {
    display: grid;
    /* 容器宽度有限 */
    width: 400px;
    grid-template-columns: max-content max-content;
    border: dashed #ccc;
  }

  .child { border: solid #000; }
</style>

<div class="parent">
  <div class="child">A</div>
  <div class="child">B looooooooooooooong</div>
  <div class="child">C</div>
  <div        class="child">D       looooooooooooooong       looooooooooooooong
looooooooooooooong looooooooooooooong</div>
</div>
```

效果

A | B looooooooooooooong
C | D looooooooooooooong looooooooooooooong looooooooooooooong looooooooooooooong

在线演示 19-13

可以看出，第 2 列已经溢出容器了，在布局中要尽量避免发生此类失控的情况。

此时 `minmax()`函数就派上了用场，语法 `minmax(最小长度，最大长度)`。

示例如下。

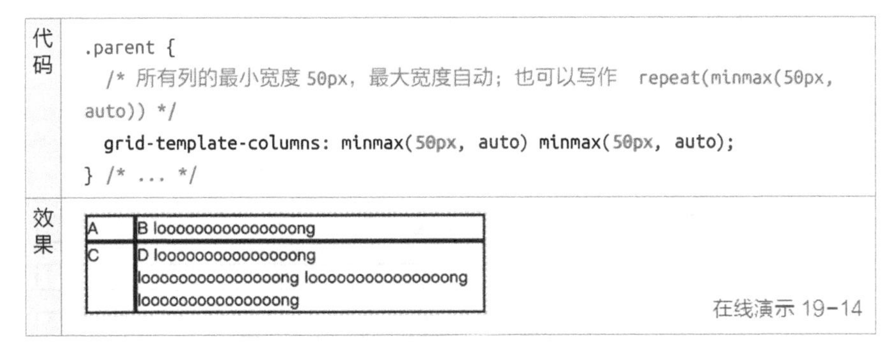

代码

```
.parent {
  /* 所有列的最小宽度 50px，最大宽度自动；也可以写作  repeat(minmax(50px,
auto)) */
  grid-template-columns: minmax(50px, auto) minmax(50px, auto);
} /* ... */
```

效果

在线演示 19-14

此时内容最少的部分看起来不拥挤，内容最多的部分也没有溢出容器，这样就保证了在最极端的情况下依然可以舒适地浏览。

19.6 调整网格间距

间距（间隙）可以在视觉上分割元素，让子项的区域划分更明确，默认情况下子项间是没有间隙的，见下方示例。

代码

```
<style>
  .parent {
    display: grid;
    grid-template-columns: 1fr 1fr;
    border: dashed #ccc;
  }

  .child { border: solid #000; }
</style>

<div class="parent">
  <div class="child">A</div>
  <div class="child">B</div>
  <div class="child">C</div>
  <div class="child">D</div>
  <div class="child">E</div>
  <div class="child">F</div>
</div>
```

效果

A	B
C	D
E	F

在线演示 19-15

此时，可以使用 `grid-row-gap` 指定行间距：

代码

```
.parent {
  /* 行间距 20px */
  grid-row-gap: 20px;
} /* ... */
```

效果

A	B
C	D
E	F

在线演示 19-16

相对应的，可以使用 `grid-column-gap` 指定列间距：

代码

```
.parent {
```

```
  /* 列间距 10px */
  grid-column-gap: 20px;
} /* ... */
```

效果

A	B
C	D
E	F

在线演示 19-17

很明显，有了间隙后单元格之间的区域划分得更清楚了。

此外，grid-gap 是 grid-row-gap 和 grid-column-gap 的简写形式，可以同时指定行列间的间隙，语法 grid-gap: 行间距 列间距。

前两个示例中的 grid-row-gap 和 grid-column-gap，可以替换为更简洁的 grid-gap，见下方示例。

代码

```
.parent {
  /* 行间距 20px，列间距 10px */
  grid-gap: 20px 10px;
} /* ... */
```

效果

A	B
C	D
E	F

在线演示 19-18

如果行列的间隙是相等的，则 grid-gap 可以只写第 1 项：

代码

```
.parent {
  /* 行列间距均为 20px */
  grid-gap: 20px;
} /* ... */
```

效果

A	B
C	D
E	F

在线演示 19-19

19.7　调整子项的位置

默认情况下，子项的顺序是按阅读顺序来的（一般情况下是从左到右，从上到下）。

网格布局允许我们调整某个子项在容器中的位置及顺序，将其特殊化。

1. grid-row-start——调整子项的行起始位置

以下方 2 行 2 列网格为例：

代码

```
<style>
  .parent {
    display: grid;
    grid-template-columns: 1fr 1fr;
    border: dashed #ccc;
  }

  .child { border: solid #000; }
</style>

<div class="parent">
  <div class="child">A</div>
  <div class="child">B</div>
  <div class="child">C</div>
  <div class="child">D</div>
</div>
```

效果

A	B
C	D

在线演示 19-20

如果想将 C 提升到第 1 行，则可以使用 grid-row-start，见以下示例。

代码

```
<style>
  /* C 的起始行为第 1 行 */
  #c { grid-row-start: 1; }
</style>

<div id="c" class="child">C</div>
<!-- ... -->
```

效果

C	A
B	D

在线演示 19-21

此时 C 就被调到第 1 行了，其他子项会自动按顺序向后排列。同样，如果想让 A 出现在最后一行，也可以使用 grid-row-start，见以下示例。

代码

```
<style>
```

```
  .parent {
    display: grid;
    grid-template-columns: 1fr 1fr;
    border: dashed #ccc;
  }

  .child { border: solid #000; }

  /* C 的起始行为第 1 行 */
  #c { grid-row-start: 1; }

  /* A 的起始行为第 2 行 */
  #a { grid-row-start: 2; }
</style>

<div class="parent">
  <div id="a" class="child">A</div>
  <div class="child">B</div>
  <div id="c" class="child">C</div>
  <div class="child">D</div>
</div>
```

效果

C	B
A	D

在线演示 19-22

2. grid-row-end——调整子项的行结束位置

和 `grid-row-start` 相反，`grid-row-end` 用于指定子项的行结束的位置，见以下示例。

代码

```
<style>
  .parent {
    display: grid;
    grid-template-columns: 1fr 1fr;
    border: dashed #ccc;
  }

  .child { border: solid #000; }

  /* 让 a 贯穿两行 */
  #a { grid-row-end: span 2; }
</style>

<div class="parent">
  <div class="child" id="a">A</div>
  <div class="child">B</div>
```

```
  <div class="child">C</div>
</div>
```

效果

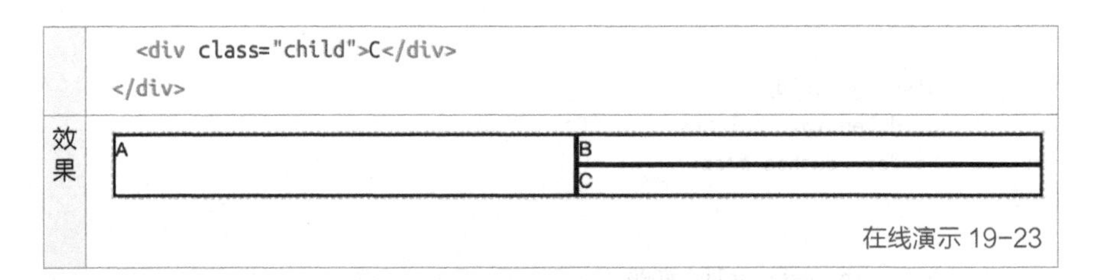

在线演示 19-23

3. grid-column-start——调整子项的列开始位置

用于定义子项在容器中的开始位置。

例如一个网格容器中有 4 个子项，见以下示例。

代码

```
<style>
  .parent {
    display: grid;
    grid-template-columns: 1fr 1fr 1fr 1fr;
    border: dashed #ccc;
  }

  .child { border: solid #000; }
</style>

<div class="parent">
    <div class="child">A</div>
  <div class="child">B</div>
  <div class="child">C</div>
  <div class="child">D</div>
</div>
```

效果

A B C D

在线演示 19-24

如果想让 A 空两列开始（即从 C 的位置开始），则可以用 `grid-column-start` 指定 A 的位置，见以下示例。

代码

```
#a { grid-column-start: 3; } /* ... */
```

效果

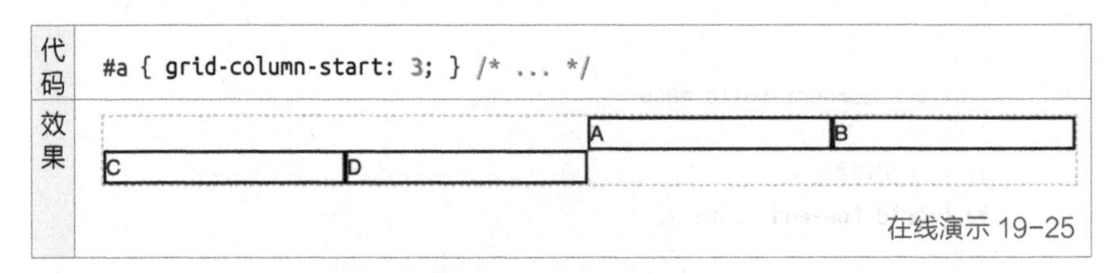

在线演示 19-25

由于 A 的占位，其他的子项也会相应地向后流动。

`grid-column-start` 适用于任何子项，换成 B 也没有区别，见以下示例。

代码

```
#b { grid-column-start: 3; } /* ... */
```

效果

A B C
D

在线演示 19-26

如果有已命名的网格线，则可以将值设为网格线名称，见以下示例。

代码

```
.parent {
  display: grid;
  grid-template-columns: [col-1] 1fr [col-2] 1fr [col-3] 1fr [col-4] 1fr
[col-5];
  border: dashed #ccc;
}

.child { border: solid #000; }

#b { grid-column-start: col-3; /* 从网格线 col-3 开始 */}
```

效果

A B C
D

在线演示 19-27

4. grid-column-end——调整子项的列结束位置

与 grid-column-start 相反，grid-column-end 用于定义子项在横向上的结束位置。它配合 grid-column-start 可以快速实现“横向合并单元格”的效果，见以下示例。

代码

```
<style>
  .parent {
    display: grid;
    grid-template-columns: 1fr 1fr 1fr 1fr;
    border: dashed #ccc;
  }

  .child { border: solid #000; }

  #a {
    grid-column-start: 1; /* 从第 1 列开始 */
    grid-column-end: 3; /* 到第 3 列结束 */
  }
</style>

<div class="parent">
  <div class="child" id="a">A</div>
```

```
  <div class="child">B</div>
  <div class="child">C</div>
  <div class="child">D</div>
</div>
```

效果

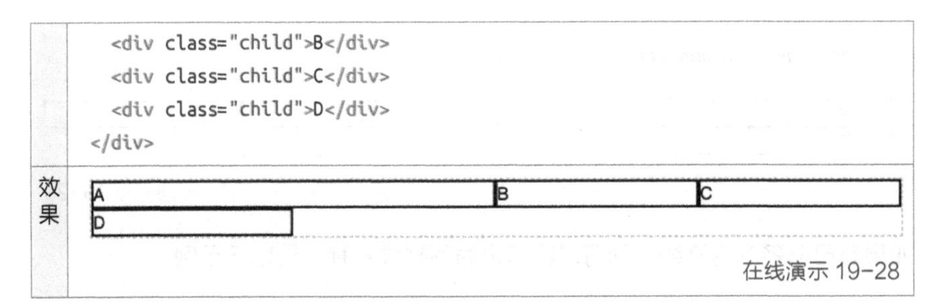

在线演示 19-28

指定网格线也同样适用：

代码

```
.parent {
  display: grid;
  grid-template-columns: [col-1] 1fr [col-2] 1fr [col-3] 1fr [col-4] 1fr
[col-5];
  border: dashed #ccc;
}

.child { border: solid #000; }

#a {
  grid-column-start: col-1; /* 从第 1 列开始 */
  grid-column-end: col-3; /* 到第 3 列结束 */
}
```

效果

A B C

D

在线演示 19-29

19.8 调整网格中的区域

网格除可以定义行和列外，还可以定义“单元格”。这对于需要在不同情况下区别显示的区域尤其有用。

例如 1 行 3 列布局：

代码

```
<style>
  .parent {
    display: grid;
    height: 100px;
    grid-template-columns: 1fr 2fr 1fr;
    border: dashed #ccc;
  }

  .child { border: 2px solid; }
```

```
</style>

<div class="parent">
  <div class="child" id="a">A</div>
  <div class="child" id="b">B</div>
  <div class="child" id="c">C</div>
</div>
```

效果

A	B	C

在线演示 19-30

如果我们想在某种情况下调换 A 和 C 的位置（比如在移动端），该怎么做呢?

当前除调换 HTML 代码里两个元素的位置外，并没有太好的解决方式。而修改 HTML 代码是 CSS 做不到的，况且我们也不想修改 HTML 代码，只是想让元素的渲染方式有所区别而已。对于这种情况，网格区域的 `grid-area` 和 `grid-template-areas` 就派上了用场。

首先，我们用 `grid-area` 将 A、B、C 定义为 3 个区域（单元格），并分别取名为 a、b、c：

```
#a { grid-area: a; }
#b { grid-area: b; }
#c { grid-area: c; }
```

这样 3 个区域都有名字了，现在在父级容器中用 `grid-template-areas` 调用这些定义好的区域即可：

代码

```
<style>
  .parent {
    display: grid;
    height: 100px;
    grid-template-columns: 1fr 2fr 1fr;
    /* 1 行 3 列，3 列分别是 a b c */
    grid-template-areas: 'a b c';
    border: dashed #ccc;
  }

  .child { border: 2px solid; }

  #a { grid-area: a; }

  #b { grid-area: b; }
```

```
  #c { grid-area: c; }
</style>

<div class="parent">
  <div class="child" id="a">A</div>
  <div class="child" id="b">B</div>
  <div class="child" id="c">C</div>
</div>
```

效果

在线演示 19-31

如果想要调换位置，则只需要更改 grid-template-areas 的顺序即可：

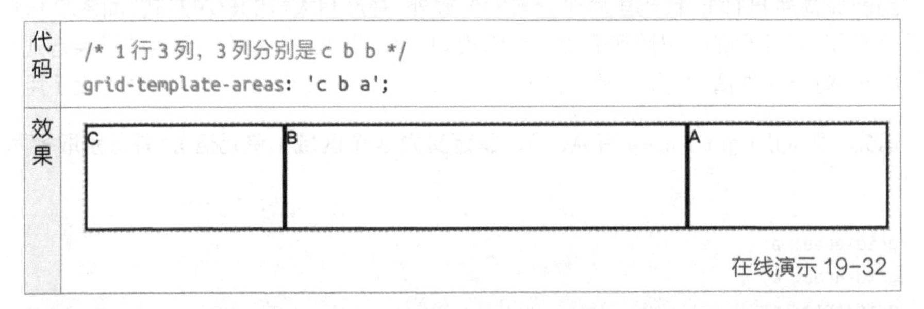

代码

```
/* 1行3列，3列分别是 c b b */
grid-template-areas: 'c b a';
```

效果

在线演示 19-32

在不改动 HTML 代码的情况下，就能轻易地调整不同区域，这就是网格区域的意义所在。情况越复杂，越能凸显出这个功能的重要。例如下面这个更复杂的示例。

代码

```
<style>
  .parent {
    display: grid;
    height: 200px;
    grid-template-columns: repeat(3, 1fr);
    border: dashed #ccc;
    grid-gap: 5px;
  }

  .child {
    border: 2px solid;
    background: #eee;
  }
</style>

<div class="parent">
    <div class="child">A</div>
```

```
  <div class="child">B</div>
  <div class="child">C</div>
  <div class="child">D</div>
  <div class="child" id="e">E</div>
  <div class="child" id="f">F</div>
  <div class="child" id="g">G</div>
  <div class="child" id="h">H</div>
  <div class="child" id="i">I</div>
</div>
```

效果

A	B	C
D	E	F
G	H	I

在线演示 19-33

如果想让 A 做导航栏，I 做页脚，则使用网格区域就可以轻松做到：

代码

```
<style>
  .parent {
    display: grid;
    height: 200px;
    grid-template-columns: repeat(3, 1fr);
    grid-template-areas:
        'a a a' /* a 占所有列 */
        'b . c' /* b和 c 之间为空*/
        'd e f'
        'g h h' /* h 占两列 */
        'i i i'; /* i 占所有列 */
    border: dashed #ccc;
    grid-gap: 5px;
  }

  .child {
    border: 2px solid;
    background: #eee;
  }

  #a { grid-area: a; }
  #b { grid-area: b; }
  #c { grid-area: c; }
  #d { grid-area: d; }
  #e { grid-area: e; }
```

```
  #f { grid-area: f; }
  #g { grid-area: g; }
  #h { grid-area: h; }
  #i { grid-area: i; }
</style>

<div class="parent">
    <div class="child">A</div>
  <div class="child">B</div>
  <div class="child">C</div>
  <div class="child">D</div>
  <div class="child" id="e">E</div>
  <div class="child" id="f">F</div>
  <div class="child" id="g">G</div>
  <div class="child" id="h">H</div>
  <div class="child" id="i">I</div>
</div>
```

效果

在线演示 19-34

甚至可以在当前的基础上将 B 变为侧栏：

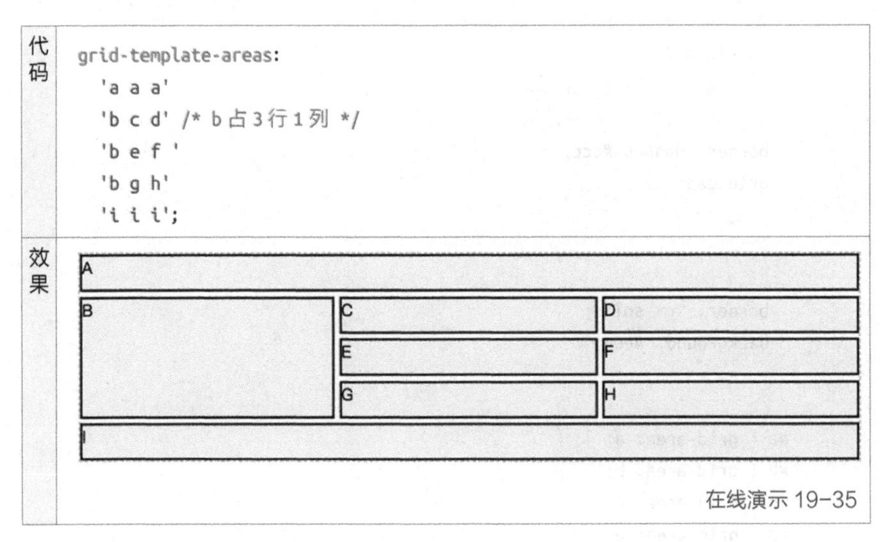

代码

```
grid-template-areas:
  'a a a'
  'b c d' /* b 占 3 行 1 列 */
  'b e f '
  'b g h'
  'i i i';
```

效果

在线演示 19-35

19.9　定义网格排列方式

在每个网格容器内有若干个网格，每个网格内都至少有一个网格项（单元格），默认情况下网格项的宽和高与网格相同，如图 19-5 所示。但如果网格项宽高小于网格，则如图 19-6 所示。

图 19-5　　　　图 19-6

justify-items 和 align-items 就是用来解决这个问题的。先用代码重现这种情况：

代码

```
<style>
  .parent {
    display: grid;
    height: 200px;
    width: 200px;
    grid-template-columns: repeat(2, 1fr);
    border: dashed #ccc;
    grid-gap: 2px;
  }

  .child {
    border: 2px solid;
    background: #eee;
  }
</style>

<div class="parent">
  <div class="child">A</div>
  <div class="child">B</div>
  <div class="child">C</div>
  <div class="child">D</div>
</div>
```

效果

A B
C D

在线演示 19-36

此时并没有限制四个网格项的宽度，默认平均分配。我们将四个网格项的宽度限制为小于容器的值，看看会发生什么，见下方示例。

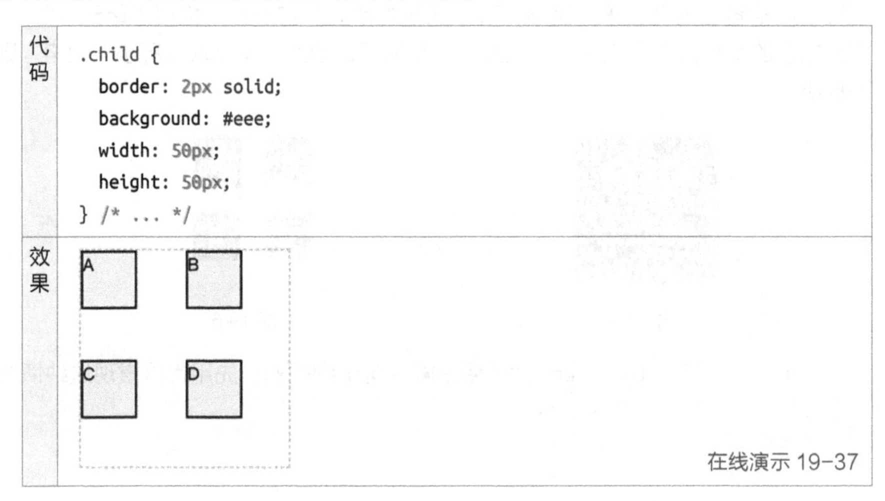

代码
.child {
  border: 2px solid;
  background: #eee;
  width: 50px;
  height: 50px;
} /* ... */
效果
A
B
C
D

在线演示 19-37

可以看出四个网格项都是紧贴着各自的起始轴线依次对齐的。使用 `justify-items` 和 `align-items` 的 4 个常用值可以控制网格项的对齐方式。

1. start——与轴线起始对齐

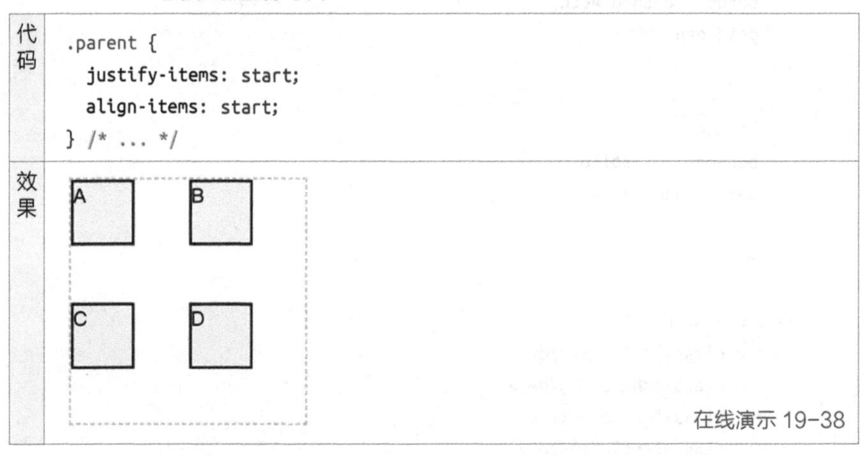

代码
.parent {
  justify-items: start;
  align-items: start;
} /* ... */
效果
A
B
C
D

在线演示 19-38

2. end——与轴线结束对齐

代码

```
.parent {
  justify-items: end;
  align-items: end;
} /* ... */
```

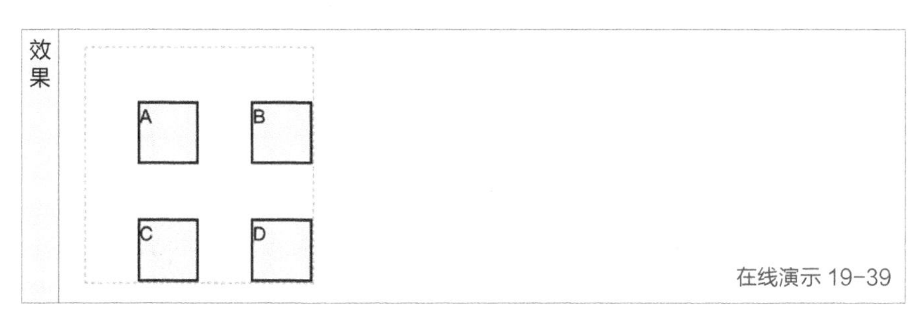

在线演示 19-39

3. center——居中

代码

```css
.parent {
  justify-items: center;
  align-items: center;
} /* ... */
```

效果

在线演示 19-40

4. stretch——拉伸对齐

代码

```css
.parent {
  justify-items: stretch;
  align-items: stretch;
}

.child {
  border: 2px solid;
  background: #eee;
  /* 删除宽高限制 */
} /* ... */
```

效果

在线演示 19-41

`justify-items` 和 `align-items` 用于在网格容器上批量处理子元素的对齐方式，对于特殊的对齐情况就要使用 `justify-self` 和 `align-self`。

还是之前的示例：

代码

```
<style>
  .parent {
    display: grid;
    height: 200px;
    width: 200px;
    grid-template-columns: repeat(2, 1fr);
    border: dashed #ccc;
    grid-gap: 2px;
  }

  .child {
    border: 2px solid;
    background: #eee;
    width: 50px;
    height: 50px;
  }
</style>

<div class="parent">
  <div class="child" id="a">A</div>
  <div class="child" id="b">B</div>
  <div class="child" id="c">C</div>
  <div class="child" id="d">D</div>
</div>
```

效果

A B

C D

在线演示 19-42

如果想让其中的 D 向轴线结束对齐，其他的子项不变，则可以专门为其指定 `justify-self` 和 `align-self`：

代码

```
#d {
  align-self: end;
  justify-self: end;
} /* ... */
```

推而广之，其他的值也同样适用：

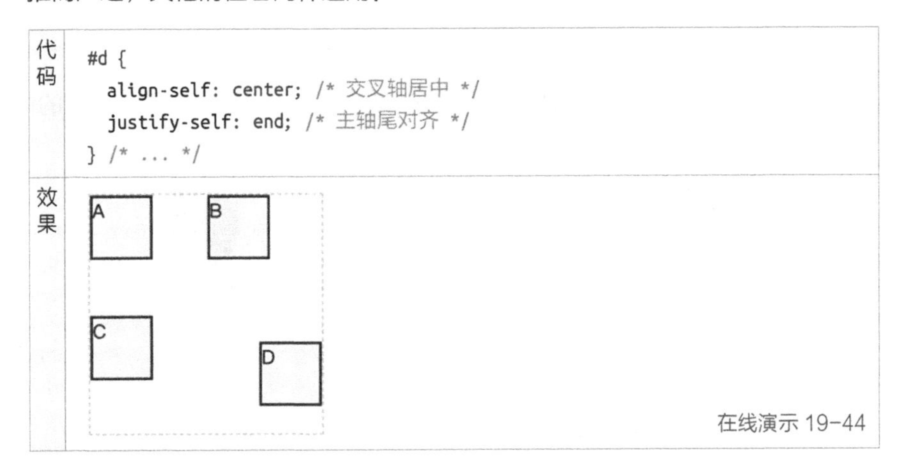


```
#d {
  align-self: center; /* 交叉轴居中 */
  justify-self: end; /* 主轴尾对齐 */
} /* ... */
```

19.10　本章小结

网格布局是目前形形色色布局方式中最强大、最高效的布局方式，尤其是网格布局“对区域分而治之”的思想更是让布局效率和可维护性成倍提高。过去只能通过 JavaScript 实现的布局方式现在只需要几行 CSS 代码就能做到，而且性能更好，维护负担更小。

可以预见，随着 Web 的发展，网格布局将变成 Web 开发者必备的一项技能，而各种传统的布局方式也会慢慢淡出历史舞台。

第 20 章 动画

动画的本质是，在一段时间内让某些属性逐渐变化，让人对变化过程有直观的体验，如图 20-1 所示。

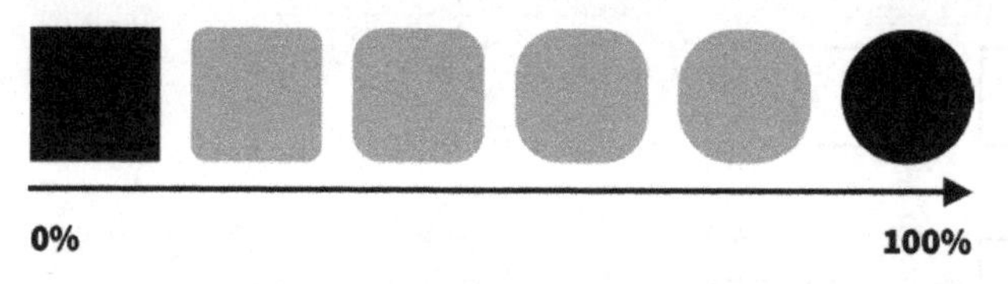

图 20-1

20.1 transition——过渡

表 20-1 中列出了 transition 的主要性质。

表 20-1

性质	说明
默认值	all 0s 0s ease
作用于	所有元素
默认继承	否

页面中的内容通常都不是一成不变的。越复杂的应用需要的交互就越多，比如，当鼠标光标滑过导航栏链接时，我们可以让链接有所变化，以暗示链接的可交互性（可以单击），见下方示例。

代码

```
<style>
  nav a {
    display: inline-block;
    text-decoration: none;
    padding: 5px;
  }

  nav a:hover {
```

```
    background: #000;
    color: white;
  }
</style>

<nav>
  <a href="#">首页</a>
  <a href="#">产品</a>
  <a href="#"><联系></联系>我们</a>
  <a href="#">关于我们</a>
</nav>
```

效果

在没有交互时，如下图所示。

首页　产品　联系我们　关于我们

在线演示 20-1

当光标悬停在“联系我们”上时，如下图所示。

首页　产品　**联系我们**　关于我们

在线演示 20-2

虽然没有什么问题，但是颜色变化显得很生硬，完全没有过渡，这就是 `transition` 的应用场景。

CSS 过渡有以下两个核心属性。

（1）`transition-property`：过渡什么属性。

（2）`transition-duration`：过渡多久。

只需要为 `nav a` 添加这两个过渡属性，就可以让交互反馈变得更自然柔和，见下方示例。

代码

```
nav a {
  transition-property: background, color; /* 过渡背景和文字颜色的变化 */
  transition-duration: 1s; /* 过渡 1 秒 */
} /* ... */
```

效果

在线演示 20-3

可以过渡的属性有很多，除 `background` 和 `color` 外，还可以过渡 `font-size`、`padding`、`margin` 等。

20.2　animation——动画

动画与 `transition` 很相似，只不过比 `transition` 功能更丰富，控制得更细致，代价就是语法要更复杂。

比如，要给一个元素作用动画，首先要使用`@keyframes`定义“怎么动”，见下方示例。

代码

```
/* 定义动画 move */
@keyframes move {
  /* 开始状态，即这段动画的起始样式，也可以使用关键词 from { ... } */
  0% { margin-left: 0; }

  /* 结束状态，即这段动画的最终样式，也可以使用关键词 to { ... } */
  100% { margin-left: 100px; }
} /* ... */
```

现在就可以给任何元素作用这段动画了，比如<p>：

```
<style>
  p {
    /* 以下属性也可以简写为
       animation: 1s move forwards; */
       animation-duration: 1s; /* 动画时长 */
       animation-name: move; /* 动画名称 */
       animation-fill-mode: forwards; /* 动画结束后保持最终样式 */
  }
</style>

<p>Yo</p> <!-- ... -->
```

效果

在线演示 20-4

1. animation-delay——动画延迟

使用`animation-delay`可以指定动画延迟，即等待一段时间后再开始动画，如图 20-2 所示。

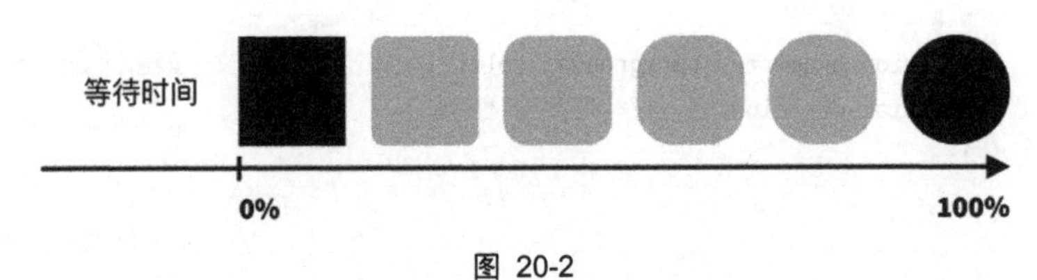

图 20-2

代码

```
animation-delay: 2s; /* 延迟 2 秒后开始动画 */
```

效果

在线演示 20-5

2. animation-iteration-count——动画重复

使用`animation-iteration-count`可以指定动画重复的次数，使用关键词`infinite`

可以让动画啊无限循环，如图 20-3 所示。

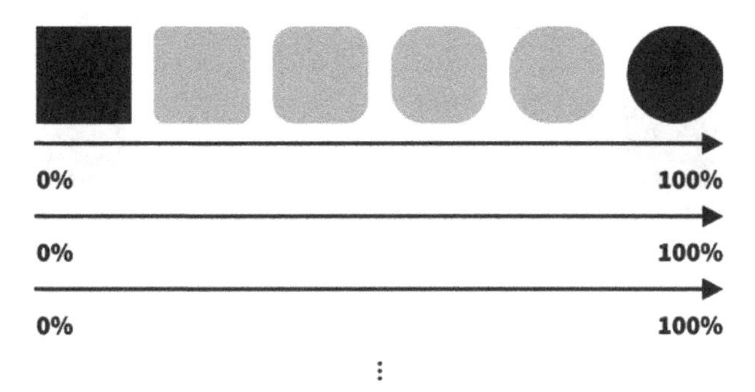

图 20-3

<table>
<tr><td>代码</td><td><pre>animation-iteration-count: 3; /* 重复 3 次 */
animation-iteration-count: infinite; /* 无限循环
*/</pre></td></tr>
<tr><td>效果</td><td>在线演示 20-6</td></tr>
</table>

3. animation-direction——动画顺序

使用 `animation-direction` 属性指定动画的前后顺序。倒放、交替播放都可以通过 `animation-direction` 属性实现。

（1）`reverse`——倒序

倒序的播放过程如图 20-4 所示。

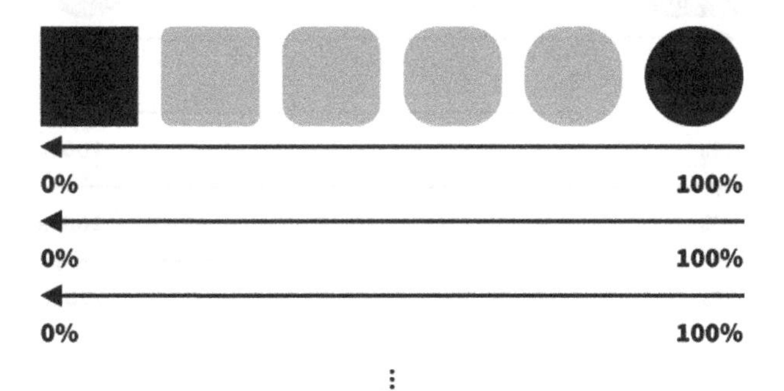

图 20-4

<table>
<tr><td>代码</td><td><pre>animation-direction: reverse; /* 倒序 */</pre></td></tr>
<tr><td>效果</td><td>在线演示 20-7</td></tr>
</table>

（2）alternate——交替

交替的播放过程如图 20-5 所示。

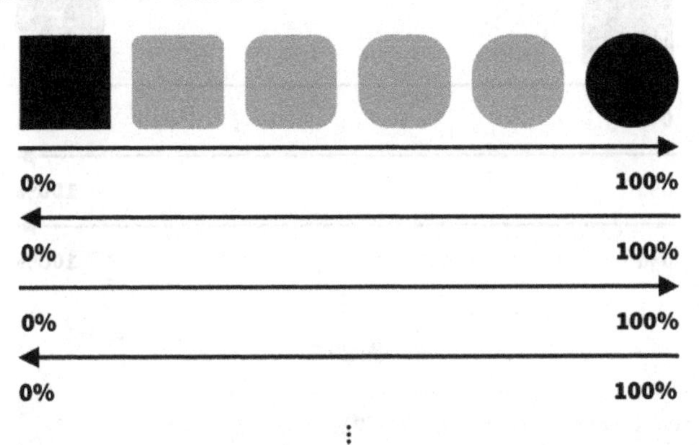

图 20-5

代码	animation-direction: alternate; /* 交替 */
效果	在线演示 20-8

（3）alternate-reverse——倒序交替

倒序交替的播放过程如图 20-6 所示。

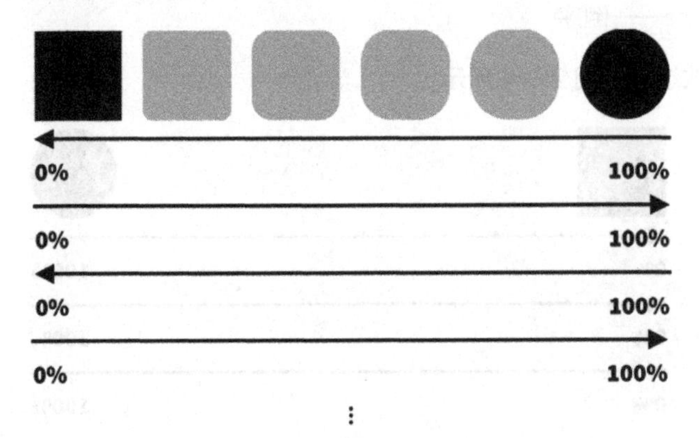

图 20-6

代码	animation-direction: alternate; /* 倒序交替 */
效果	在线演示 20-9

4. animation-play-state——播放状态

用 `animation-play-state` 可以控制暂停/播放状态。

当光标滑过元素时暂停播放：

代码

```
<style>
  p { animation: 1s move infinite alternate; }

  /* 当光标悬停时暂停播放 */
  p:hover { animation-play-state: paused; }

  @keyframes move {
    0% { margin-left: 0; }
    100% { margin-left: 100px; }
  }
</style>

<p>Yo</p>
```

效果

在线演示 20-10

20.3 本章小结

在动画出现之前，纯 CSS 网页只能控制“静态”的属性，这意味 CSS 对时间是没有掌控能力的，要实现可用的动画，只能依赖 JavaScript 手动控制动画的每一个步骤，性能还不高。动画的出现让 CSS 可以在时间维度上有所作为了。

虽说动画效果可以很“炫酷”，但是不建议为了用动画而用动画。添加动画的唯一目的是为了让用户的交互过程更自然，更贴近直觉，而不是让用户觉得“炫”。

笔者曾无数次体验到一些“炫技”的网页做出的缓慢下拉菜单、自定义光标动画、毫无意义的路由切换动画有多累赘。动画的使用应该是不影响交互效率的、润物细无声的暗示。